Schafe

Eine Liebeserklärung

GUNTHILD KUPITZ

INHALT

Mit dem Schaf durchs Jahr

Schafe sind ganz besondere Geschöpfe. Nicht nur, weil sie aufgrund ihrer Wolle, ihrer Milch und ihres Fleisches perfekte Nutztiere sind. Das natürlich auch. Doch vor allem, weil ihr Wesen so individualistisch ist. Ihre Halter begeistert das zwölf Monate im Jahr.

Schafe sind vor allem eines: neugierig. Und sonst? Sind sie so einzigartige Persönlichkeiten wie Menschen auch.

Typisch Schaf!?

»Ein Schaf ist ein mildes, einfältiges, demütiges, stilles, gehorsames, furchtsames und närrisches Tier … Wenn eines sich verläuft …, stürzen sich die anderen alle hernach«, schrieb der Schweizer Naturforscher Conrad Gesner in seinem »Thierbuch«. Das ist zwar schon 450 Jahre her, stimmt aber noch immer. Denn Schafe sind Herdentiere; sie brauchen die Gemeinschaft. Nur in der Gruppe fühlen sie sich sicher – selbst, wenn es ihr Verderben bedeutet.

Doch zugleich stimmt auch, was Schafhalter heute in Internetforen über ihre Tiere posten, nämlich dass manche von ihnen schüchtern sind, andere dagegen mutig, gelassen oder wütend, einige übermütig, andere stolz oder klug oder auch gelangweilt. Kurz: Dass Schafe völlig individuell in ihrem Charakter sind.

Und noch etwas Drittes ist richtig: Schafe sind erwiesenermaßen intelligente, soziale und gefühlsbetonte Wesen. So berichteten britische Forscher von der Universität Cambridge in dem angesehenen Fachblatt »Nature«: »Schafe erkennen auch einzelne Schafe und Menschen anhand ihres Gesichtes und fühlen sich ihnen verbunden« – und das sogar noch zwei Jahre nach der Trennung.

Außerdem reagieren die Tiere auf Mimik. Wie Menschen bevorzugen sie dabei ein lächelndes Gegenüber statt eines Wesens, das Grimassen schneidet. Und sie sind fähig, Regeln zu lernen, sogar dann, wenn diese sich plötzlich ändern: Sie finden in relativ kurzer Zeit aus einem Labyrinth und erinnern sich noch Wochen später an den Weg; und sie sind in der Lage, planend zu handeln.

Wie clever Schafe sein können, wenn jenseits der Weide frisches Gemüse lockt, musste vor einigen Jahren ein Bauer im nordenglischen Yorkshire feststellen. Dessen Tiere überquerten ein drei Meter breites und für Paarhufer eigentlich unüberwindbares Weiderost. Wie ihnen das gelang? Manche zogen sich liegend hinüber, andere kugelten darüber hinweg – um dann gemeinsam den Gemüsegarten zu plündern.

Mit ihren Artgenossen pflegen sie häufig Freundschaften, besonders wenn sie sich von klein auf kennen. Vereinzelt tun sie dies auch mit Pferden, Eseln, ja, selbst mit Hunden, die sie eigentlich als ihre Feinde betrachten. Konkurrenzverhalten dagegen gibt es unter Schafen kaum, nur bei Böcken in der Brunstzeit. Dann werden harte Kämpfe um die Rangordnung ausgetragen.

Das Gras auf der eigenen Weide kann noch so grün und saftig sein: Wenn es jenseits eines Zaunes verlockender wirkt, können Schafe ganz schön erfinderisch werden.

Von Nordfriesland bis Grönland: Schafe sind extrem anpassungsfähig was Landschaft und Wetter betrifft.

Menschen gegenüber sind Schafe von Natur aus scheu. Anders ist dies nur bei Lämmern, die mit der Flasche aufgezogen wurden. Und natürlich bei Milchschafen, die aufgrund des Melkens den Kontakt mit Menschen gewohnt sind. Doch das Zutrauen der Tiere lässt sich in der Regel mit etwas Geduld gewinnen: durch einen ruhigen Umgang. Durch häufiges freundliches Sprechen mit ihnen. Und durch regelmäßige Besuche auf der Weide – vor allem, wenn die mit Apfelschnitzen oder trockenem Brot verbunden sind.

Schafe – die perfekten Nutztiere

Sie weiden auf Grönland, ertragen die Hitze in Dschibuti und die eisigen Winter in Turkmenistan; sie trotzen dem feuchten Klima im ecuadorianischen Regenwald und halten den rauen Winden an der nordfriesischen Küste stand: Schafe sind extrem anpassungsfähig.

Weltweit gibt es von ihnen etwa eine Milliarde, ungefähr 1,6 Millionen Tiere leben in Deutschland. Hier festigen sie durch ihre Tritte und ihren Verbiss unter anderem die Grasnarbe der Deiche, sichern die Bergregionen vor Erosion, schützen Heidelandschaften und Moore, die ohne sie versteppen oder verbuschen würden. Und als tierische Rasenmäher verwandeln Schafe alte Obstwiesen in relativ gleichmäßig abgegraste Flächen. Selbst auf abgeernteten Feldern finden sie noch Futter. Dort fressen sie zur Freude ihrer Halter nicht nur Unkraut wie Quecke oder Melde, sondern treten zugleich auch unliebsame Feld- und Wühlmausausgänge zu.

Weil sie bereits seit rund 10.000 Jahren gezüchtet werden, gelten Schafe als eine der ältesten Nutztierarten überhaupt. Anfangs wurden sie vor allem wegen ihres Fleisches und Fells geschätzt. Erst einige tausend Jahre später begann man auch ihre Wolle und Milch zu verwerten. Und natürlich ihren Dung. Der wurde früher in erster Linie als Brennmaterial genutzt. Und heute? Versorgt er insbesondere Bio-Äcker, -Weiden und -Gemüsebeete mit wertvollen Nährstoffen.

Von den 20.000 Schafhaltern in Deutschland, die 20 und mehr Tiere besitzen, betreiben lediglich zehn Prozent dies hauptberuflich. Für alle anderen sind die kleinen Wiederkäuer zwar oft auch Nutztiere, vor allem aber ein wunderbares Hobby, das einige von ihnen als sogenannte Herdbuchzüchter überdies ziemlich intensiv betreiben. Das tun sogar manche Besitzer von nur einigen, wenigen Schafen, die zwar von der Statistik nicht erfasst werden, aber sich mit gleicher Leidenschaft entweder für die Verbesserung besonders geschätzter Eigenschaften einer Rasse engagieren oder die auf diese Weise dazu beitragen wollen, alte und vom Aussterben bedrohte Rassen zu erhalten.

Schafe sind relativ pflegeleichte Nutztiere. Sie werden vor allem wegen ihres schmackhaften Fleisches und ihrer guten Milch geschätzt.

Schäfer mit Leib und Seele

Die Bio-Landwirte Monika und Redlef Volquardsen über ihren Alltag mit Ostfriesischen Milchschafen, die Freude an Hofführungen und ihr Engagement für eine nachhaltige Landwirtschaft.

Liebe durch Erfahrung: Monika Volquardsen wurde erst durch die Arbeit mit den Tieren zum Schaf-Fan.

Redlef Volquardsen: »Ich bin hier aufgewachsen; meine Eltern hielten Weidemastochsen und Texel. Eigentlich wollte ich Archäologe werden. Oder Fischwirt. Dann entschied ich mich doch dafür, den Hof zu übernehmen. Also habe ich nach dem Abitur eine Ausbildung als Landwirt in verschiedenen Betrieben gemacht und anschließend Ökologische Agrarwissenschaften studiert; dabei bin ich auch Monika begegnet. Ich habe bestimmt zehn Jahre lang rumgesponnen, wie ich den Hof mit seinen 66 Hektar organisch-biologisch bewirtschaften könnte: Eine Zeit lang wollte ich Feingemüse anbauen, dann Weinbergschnecken züchten und schließlich begeisterte ich mich dafür, Gänse zu mästen. Zwischendurch überlegte ich sogar mal, Rinder zu halten. Kurz: Meine Eltern machten sich manchmal Sorgen.«

Monika Volquardsen: »Also mir hätten Ziegen gut gefallen. Das sind kluge und intelligente Tiere. Doch hier an der Küste ist es flach, regnerisch und windig. All das mögen Ziegen nicht. Schafen ist es egal; die brauchen nichts zum Klettern, und ihre Outdoor-Ausrüstung haben sie ja immer dabei.«

Redlef Volquardsen: »Milchschafe habe ich eigentlich erst während des Studiums richtig wahrgenommen, als ich mal für ein Praktikum auf einem Milchschafhof war. Dort habe ich gemolken und in der Käserei gearbeitet. Das hat mich total begeistert. Und danach war mir klar: Das will ich machen.«

Monika Volquardsen: »Ehrlich gesagt, wirkten Schafe auf mich lange Zeit ein bisschen tumb. Tatsächlich gilt das aber nur für die Fleischrassen. Milchschafe dagegen sind Ziegen sogar ziemlich ähnlich: Sie sind agil und neugierig, und nach der Schur riechen sie auch ein bisschen wie sie. Ich mag es, mich mit ihnen zu beschäftigen – ganz im Gegensatz übrigens zu Schweinen oder Hühnern. 2003 haben wir die ersten Ostfriesischen Milchschafe für den Hof gekauft. Eigentlich wollten wir mit etwa 20, 30 weißen Tieren beginnen. Aber dann konnten wir zusätzlich die besten Schafe einer Bioland-Bäuerin übernehmen, die gerade aufhörte – und die waren alle schwarzbraun. Deshalb haben wir heute eine bunte Herde; das gefällt uns gut. Im Moment melken wir rund 130 Mutterschafe. Theoretisch könnten es auch lo-

Monika und Redlef Volquardsen mögen sowohl schwarzbraune als auch weiße Milchschafe. Ihre Herde ist deshalb bunt.

An der nordfriesischen Küste gibt es nur wenig Zäune, entsprechend selten sind Gatter: Hier werden die Weideflächen vor allem durch Wassergräben getrennt.

Über den Hofladen verkaufen die Volquardsens einen Großteil ihrer Schaf-Produkte, der Rest geht an Wiederverkäufer.

cker doppelt so viele sein, aber dann müssten wir auch doppelt so viel Milch verarbeiten und vermarkten. Doch uns reicht es so. Außerdem fürchte ich, dass wir dann die Freude an unserer Arbeit verlieren würden.«

Redlef Volquardsen: »Mit dem Thema Vermarktung hatte ich mich auch in meiner Diplomarbeit beschäftigt. Meine Idee war damals, auf Hamburger Ökomärkte zu gehen. In den ersten Jahren haben wir dort auch im Umland auf Sondermärkten verkauft. Und wenn jemand ein Hoffest machte, standen wir da ebenfalls gerne.«

Monika Volquardsen: »Meine Diplomarbeit habe ich über Betriebe in Ostfriesland geschrieben, die Hofführungen anboten. Ich dachte, wenn das bei denen gut läuft, kann es das bei uns vielleicht auch. Und das tut es. Gut zwei Drittel unseres Käses und unser gesamtes Fleisch verkaufen wir über unseren Hofladen, einen Großteil davon im Anschluss an die Führungen; der Rest geht an Läden hier in der Region.«

Redlef Volquardsen: »Zu den Führungen kam anfangs teilweise nur ein einziger Besucher. Inzwischen sind es meist 50, manchmal sogar 150; dann laufen drei Führungen parallel. Wir bieten sie zwischen Mai und Oktober an: zwei- bis dreimal pro Woche für jeweils eineinhalb Stunden. Seit 2008 sind wir außerdem einer der Demonstrationsbetriebe für Ökologischen Landbau des Bundeslandwirtschaftsministeriums, wir haben also immer Leute hier auf dem Hof. Aber wir mögen das. Die Schafe übrigens auch; die werden ja ständig gestreichelt.«

Monika Volquardsen: »Bei uns erleben die Besucher, wie Tiere artgerecht gehalten werden. Und sie erfahren, dass Lämmer geboren werden müssen, damit es überhaupt Milch gibt, die wir zu Käse verarbeiten können. Und dass die meisten Lämmer spätestens mit einem Jahr geschlachtet werden; man kann ja nicht alle behalten. Das ist vielen Vegetariern nicht klar. Natürlich fahren wir die Tiere auch nicht gern zum Schlachter, aber wir wissen, es gehört dazu, und wir wissen, sie hatten es bis zum letzten Tag schön bei uns. Deshalb kann ich ihr Fleisch auch guten Gewissens essen und das den Besuchern entsprechend vermitteln.«
Redlef Volquardsen: »Der Sommer ist für uns die anstrengendste Zeit. Melken, Käsen, das Pflegen der Laibe sowie der Verkauf von Käse und Fleisch – das muss trotz der Führungen alles erledigt werden. Aber die Touren machen uns sehr viel Spaß. Auch, weil wir das vermitteln können, was uns wichtig ist: eine nachhaltige Landwirtschaft. Dazu kommt, dass jede Tour anders ist, da die Besucher immer andere sind und damit auch ihre Fragen. Außerdem: Welcher Bauer kriegt schon dreimal pro Woche Applaus?«

Monika Volquardsen, Jahrgang 1971, stammt von einem Bauernhof am Bodensee. Ihre Eltern hielten Kühe und Hühner und bauten Kartoffeln an. Sie selbst machte zunächst eine Ausbildung als Hauswirtschaftsleiterin, holte ihr Fachabitur nach, um anschließend in Witzenhausen Ökologische Landwirtschaft zu studieren. »Ich wollte selbstständig arbeiten und das, was meine Tiere produzieren, auch selbst verarbeiten und vermarkten.«

Redlef Volquardsen, Jahrgang 1973, ist auf einem konventionell bewirtschafteten Hof in Nordfriesland groß geworden. Als Kind träumte er davon, Kapitän zu werden. Dass er sich später dann dazu entschied, Milchschafe zu halten und Käse zu produzieren, hat auch damit zu tun, dass es ihn fasziniert, »wie aus Milch so etwas Leckeres wie Käse wird. Das ist fast ein bisschen wie Zauberei.«

Gemeinsam mit Tochter Klara leben die Volquardsens auf ihrem idyllisch gelegenen Hof in Nordfriesland, nicht weit von St. Peter Ording.

Wer passt zu wem? Die Auswahl der richtigen Rasse

Mehr als 750 Schafrassen gibt es auf der Erde. Gut 50 davon weiden auf deutschen Wiesen, ein knappes Drittel von ihnen ist allerdings vom Aussterben bedroht: Es steht auf der »Roten Liste« der »Gesellschaft zur Erhaltung alter und gefährdeter Haustierrassen e.V.«. Für potenzielle Hobbyschäfer kann dies möglicherweise ein Grund sein, eine dieser Rassen zu halten. Ein anderer eventuell, ob man die Tiere auch nutzen will, und falls ja, auf welche Weise.

Das relativ große und schwere Merinolandschaf ist das meistgehaltene Schaf in Deutschland.

Möchte man vor allem ihre Milch? Oder ihr Fleisch? Oder doch ihre Wolle? Steht die Landschaftspflege und damit der Erhalt ökologisch wichtiger Biotope im Vordergrund? Oder ist es besonders wichtig, dass sie sich als tierische Kameraden für Kinder eignen?

Zu berücksichtigen ist auch der eigene Standort, denn einige Rassen sind in Bezug auf die Qualität des Weidefutters anspruchsvoller als andere und nicht jede Rasse verträgt jedes Klima. Darüber hinaus spielen Größe und Gewicht eine Rolle. Denn außer Technik braucht es auch Kraft, um den Tieren die Klauen zu schneiden – und je schwerer sie sind, umso mehr.

Die folgende Auswahl stellt sowohl typische als auch für die Hobbyhaltung besonders reizvolle Rassen vor, gruppiert nach ihrer überwiegenden Verwendung als Fleisch-, Milch-, Land- oder Wollschafe.

Fleischschafe

Mit knapp 80 Prozent stellen Fleischschafe in Deutschland den größten Anteil am Gesamtbestand. Diese Tiere sind in der Regel anspruchsvoll, was ihr Futter betrifft, und benötigen entsprechend hochwertige Weiden mit energie- und proteinreichen Gräsern.

Das **Merinolandschaf** ist die mit Abstand beliebteste Rasse in Deutschland: 30 Prozent aller Schafe gehören ihr an. Das mit bis zu einem Meter relativ große Schaf ist robust und sogar mit kargen Weiden zufrieden. Außerdem ist es ein Multitalent, denn es liefert ebenso gutes Fleisch wie Wolle.

Ähnlich groß und schwer ist auch das **Weißköpfige Fleischschaf**. Es ist an das raue, feuchte Küstenklima gewöhnt. Robust wie es ist, kann es selbst im Winter auf der Koppel stehen. Mit derzeit knapp 1.500 weiblichen

Fleischschafe: Oben links das wetterresistente Weißköpfige Fleischschaf, oben rechts das muskulöse Suffolkschaf und unten das Texelschaf.

Links: Das Ostfriesische Milchschaf ist optimal an das raue Klima an der Küste angepasst.

Rechts: Genügsam, temperamentvoll und wetterhart ist das Walachenschaf. In Deutschland gibt es nur wenige davon.

Tieren gilt die Rasse als vom Aussterben bedroht.

Texelschafe kamen erst Ende der 1960er-Jahre aus den Niederlanden nach Deutschland. Ihre Kennzeichen: Sie sind mittelgroß, wirken aufgrund ihres kurzen Halses gedrungen und haben kräftige, abstehende Ohren. Das Fleisch dieser Rasse gilt als extrem wohlschmeckend.

Das muskulöse **Suffolkschaf** stammt aus dem Südosten Englands und ähnelt dem Schwarzköpfigen Fleischschaf, der zweitbeliebtesten Rasse in Deutschland. Typisch für diese Rasse sind ein langgestreckter, tiefer Körper sowie kurze Beine. Ihr Fleisch ist besonders fettarm und zart.

Milchschafe

Milchschafe haben hierzulande mit nur circa 100.000 Tieren beziehungsweise fünf Prozent am Gesamtbestand eine geringe Bedeutung. Doch die Nachfrage nach Schafskäse steigt kontinuierlich und – bedingt durch eine Zunahme von Kuhmilchunverträglichkeit – auch die nach Schafsmilch.

Das **Ostfriesische Milchschaf** ist großrahmig, in der Färbung meist weiß, gelegentlich

Links: Mittlere Größe, mittleres Gewicht und Anspruchslosigkeit zeichnen das Bentheimer Landschaf aus.

Mitte: Das Alpine Steinschaf, ein Landschaf, ist vom Aussterben bedroht. Die Tiere geben relativ viel Milch.

Rechts: Das feingliedrige, wetterharte Waldschaf steht als »stark gefährdet« auf der »Roten Liste«.

schwarzbraun oder gescheckt. Es gilt als robust, wird sehr zutraulich und eignet sich deshalb bei Familienanschluss auch für die Haltung in einer Kleinstgruppe von zwei, drei Exemplaren – gern auch zusammen mit anderen Tieren wie Esel, Pferd oder Ziege.

Als genügsam und wetterhart gilt die ursprünglich aus der Slowakei stammende Milchrasse **Walachenschaf**. Von diesen ebenso temperamentvollen wie scheuen Tieren existieren in Deutschland noch etwa 250 Exemplare. Sie können ganzjährig im Freien gehalten werden. Die Böcke tragen ebenso wie die Hälfte der weiblichen Tiere korkenzieherartig gewundene Hörner.

Vom Aussterben bedroht ist auch das **Alpine Steinschaf**, das eigentlich zu den Landschafen gehört, aber relativ viel Milch gibt. Bei ihm handelt es sich um eine elegante, kleine bis mittelgroße Rasse, bei der die Böcke gebogene Hörner tragen, gelegentlich auch die Muttertiere. Es ist trittsicher im Gebirge, robust und außergewöhnlich zutraulich, weshalb es sich sehr gut in Miniherden halten lässt.

Landschafe

Landschafe sind anspruchslos, genügsam und gute Futterverwerter. Eingesetzt werden sie vor allem zur Landschaftspflege. Früher

Links: Das Rauhwollige Pommersche Landschaf ist raues Klima und mageres Futter gewohnt.

Mitte: Die Skudde kann ganzjährig im Freien gehalten werden.

Rechts: Das Merinofleischschaf vereint feine Wolle und gutes Fleisch.

besaß jede Region eine an ihr Klima und die Futterqualität angepasste Rasse. Mittlerweile sind einige von ihnen vom Aussterben bedroht. Insgesamt liegt der Anteil dieser Gruppe am Gesamtbestand mit etwa fünf Prozent ähnlich niedrig wie der der Milchschafe.

Mit einer Widerristhöhe von 65 bis 75 Zentimetern ist das **Bentheimer Landschaf** mittelgroß und mit 60 bis 90 Kilogramm auch nur mittelschwer. Anspruchslos, wie diese Rasse ist, eignet sie sich besonders gut für geringwüchsige Grün- und Moorweiden. Ihr Fortbestand ist jedoch gefährdet.

Beim **Waldschaf** handelt es sich um ein kleines, feingliederiges Tier mit langer, meist weißer Wolle, bei dem beiderlei Geschlechter Hörner tragen können. Es ist wetterhart und lässt sich gut auf kargen Weidestandorten in den unwirtlichen Mittelgebirgslagen halten. Auf der »Roten Liste« der GEH ist es als »stark gefährdet« eingestuft.

Das **Rauhwollige Pommersche Landschaf** ist eine sehr alte und in ihrem Bestand bedrohte Rasse. Das mittelgroße Tier mit blaugrauer bis bräunlicher Wollfärbung ist bestens an das raue Küstenklima gewöhnt und mit dem mageren Futterangebot auf Sand- und Moorböden ebenso zufrieden wie mit feuchten Weiden.

Ein extrem genügsames, kleines und robustes Schaf ist die **Skudde**. Als Futter genügen ihm magere Weiden, aber es frisst auch Laub, Disteln und Brennnesseln und kann ganzjährig im Freien gehalten werden – am liebsten jedoch in einer Herde mit mindestens 20 Tieren. Menschen gegenüber ist es eher scheu und fasst nur langsam Vertrauen.

Wollschafe

Im Gegensatz zu Australien, China oder Neuseeland gibt es in Deutschland die Kategorie Wollschaf seit den 1950er-Jahren nicht mehr. Die Produktionskosten liegen hierzulande über dem Weltmarktpreis. Durch Kreuzung mit anderen Rassen entstanden jedoch sogenannte Zweinutzungstypen.

Die Kombination aus feinster Wolle und gutem Fleischertrag vereint keine Rasse besser als das **Merinofleischschaf**. Es ist ein mittelgroßes, eher schweres Tier, das nicht in Küsten- oder Gebirgsgegenden gehalten werden sollte, da lang anhaltender Regen sein Wollvlies schädigt. Es ist vom Aussterben bedroht.

Das robuste **Coburger Fuchsschaf** wurde jahrhundertelang in Deutschland vor allem in den rauen Mittelgebirgslagen gehalten. Doch in den 1930er-Jahren gab es nur noch wenige Exemplare. Mittlerweile hat sich der Bestand erholt – auch deshalb, weil sich die goldfarbene Wolle dieser Rasse ausgezeichnet zum Spinnen, Stricken, Weben und Filzen eignet. Ihr Fleisch ist obendrein bei Feinschmeckern sehr beliebt.

Das Coburger Fuchsschaf ist nicht nur bei Feinschmeckern beliebt, auch seine Wolle lässt sich gut verarbeiten.

Monika Volquardsen: *»Bei allem Abwägen nach sachlichen Kriterien: Ich finde es wichtig, dass einem die Rasse gefällt. Ich selbst hätte Lacaune-Schafe nicht gewollt, einfach deshalb, weil ich sie hässlich finde.«*

Mindestens 1.000 Quadratmeter eingezäuntes Weideland braucht ein Schaf; mehr Tiere benötigen entsprechend mehr Fläche.

Voraussetzungen für die Hobbyhaltung

Schafe zu halten, macht nicht nur viel Freude, sondern auch Arbeit, die es nicht zu unterschätzen gilt. Denn selbst wenn die Tiere in unmittelbarer Nähe des eigenen Hauses weiden, muss mindestens einmal am Tag nach ihnen geschaut werden. Nur so erkennt man frühzeitig, wenn mit ihnen etwas nicht stimmt. Und für den Fall, dass man geschäftlich unterwegs ist, Urlaub macht oder krank ist, muss eine zuverlässige Person diese Aufgabe übernehmen. Nach Möglichkeit sollte es die bereits vor dem Kauf des ersten Tieres geben.

Wie umfangreich die eigene Herde werden kann, hängt zum einen von der Größe und Qualität der Wiesen ab, zum anderen von dem Platz des zur Verfügung stehenden Stalls wie auch der Lagerfläche für Heu und Stroh. Als Faustregel gilt: pro ausgewachsenem Schaf mindestens 1.000 Quadratmeter an Weideland, gegebenenfalls noch mal das Doppelte, wenn man den Wintervorrat an Heu selbst machen will. Ideal für Anfänger sind drei bis vier Tiere einer robusteren Rasse, die sechs Monate oder älter sind und möglichst aus einer Herde stammen. Das erleichtert allen den Start, und die Quarantäne als Schutz vor eventuell unentdeckten, ansteckenden Krankheiten entfällt auch.

Für jedes Schaf sollten im Stall mindestens zwei Quadratmeter zur Verfügung stehen, außerdem etwa 50 Zentimeter an der Futterraufe. Zusätzlich muss Platz für Einzelboxen vorhanden sein, da immer wieder mal Tiere krank sind, lammen oder vorübergehend isoliert werden müssen. Meist lässt sich ein bereits bestehendes Gebäude oder ein Schuppen schafgerecht umgestalten, zumal ein Neubau nicht nur viel Geld kostet, sondern auch den Auflagen der örtlichen Baubehörde gemäß errichtet werden muss. Grundsätzlich gilt als Mindestanforderung für einen Schafstall, dass er wenigstens drei Meter hoch ist, außerdem hell, trocken, kalt und luftig, ohne dabei zugig zu sein. Direkt dahinter sollte sich eine eingezäunte Wiese oder Ähnliches anschließen, um den Schafen während der Wintermonate genügend Auslauf zu bieten.

Was beim Kauf von Schafen zu beachten ist

Da viel Erfahrung dazu gehört, gute, gesunde Schafe von solchen mit Mängeln zu unterscheiden, sollte man sich zumindest beim allerersten Kauf nach Möglichkeit von einem befreundeten Schafhalter begleiten lassen –

Gesunde Schafe, glückliche Schäfer. Voraussetzung dafür ist die Auswahl entsprechender Tiere.

oder die Tiere gleich von ihm beziehen. So oder so: Voraussetzung sollte sein, dass die Schafe aus einem nachweislich Maedi-Visna-freien Bestand kommen. Dieses Virus trägt schätzungsweise die Hälfte aller Tiere in sich; die Antikörper lassen sich allerdings zum Teil erst viele Monate nach der Ansteckung nachweisen. Nach einer Inkubationszeit von zwei Jahren oder mehr beginnen die Tiere abzumagern und sterben schließlich qualvoll an Atemnot; eine Heilung ist nicht möglich. Darüber hinaus wird der Pflege- und Ernährungszustand eines Tieres beurteilt: Wirken die Augen klar und wach? Ist es lebhaft und zutraulich? Sind die Klauen gepflegt? Hat es einen geraden Rücken? Weder X- noch O-Beine? Und bei Milchschafen: Ist das Euter gut aufgehängt?

Grundsätzlich stellt sich die Frage, ob man lediglich ein paar Schafe halten will und dementsprechend nur weibliche Tiere wählt oder ob man auch Lämmer ziehen möchte, zum Beispiel um Milch zum Käsen zu bekommen. Dann benötigt man selbstverständlich einen Bock – und muss zugleich darüber nachdenken, was mit dem Nachwuchs geschehen soll: Verkaufen? Schlachten? Weiterzüchten? Und falls letzteres: Ist dafür überhaupt genügend Platz vorhanden?

Wer Schafsmilch haben möchte, muss eine geeignete Rasse auswählen – und regelmäßig Lämmer ziehen.

Wer plant, Schafe gemäß dem Rasseziel zu züchten, sollte sich Tiere mit sogenannten Herdbuchpapieren kaufen und sich beim zuständigen Landesschafzuchtverband nach den Anforderungen für einen entsprechenden Betrieb erkundigen. Sinnvoll ist dies möglicherweise dann, wenn man dazu beitragen möchte, eine gefährdete Rasse in ihrem Bestand zu erhalten. Ansonsten hat die Herdbuchzucht für den Hobbyhalter jedoch keine Vorteile, zumal Kosten für den Kauf entsprechender Tiere sowie Aufwand für das Führen eines Zuchtbuchs oder das Absolvieren bestimmter Prüfungen nicht unerheblich sind.

Monika Volquardsen: *»Wer noch unerfahren in der Beurteilung von Schafen ist, macht mit dem Kauf von Herdbuch–Zuchtschafen sicherlich alles richtig, da diese von Experten gut beurteilt wurden.«*

Ankunft auf dem Hof

Für den Transport der Schafe sollte ein gut eingestreuter Anhänger verwendet werden. Idealerweise sind dessen Seitenwände mindestens einen Meter fünfzig hoch, um zu vermeiden, dass die Tiere während der Fahrt darüber springen. Denn sie dürfen keinesfalls

Ab dem neunten Monat müssen alle Schafe Ohrmarken tragen, sonst dürfen sie weder verkauft noch geschlachtet werden.

angebunden sein, sonst besteht die Gefahr, dass sie sich beim Anfahren oder Bremsen strangulieren.

Um ihnen die Eingewöhnung an die neue Umgebung zu erleichtern, füttert man die nach der kleinen Reise meist etwas verunsicherten Tiere mit Leckerbissen, die sie vom Vorbesitzer kennen, und führt sie dann mit ruhiger Stimme auf eine Wiese oder in den Stall, getrennt von eventuell bereits vorhandenen Tieren. Die Neuankömmlinge sollten mindestens drei Wochen in Quarantäne gehalten werden. Nur so kann man sicher sein, dass sie keine anderen Tiere anstecken, falls sie wider Erwarten krank sind.

Redlef Volquardsen: *»Anfänger sollten mit der Schafhaltung möglichst im Frühjahr starten. Nach der Stallperiode sind die Tiere zwar am teuersten, aber die Weidehaltung ist ideal, um mit den Tieren und ihren Bedürfnissen vertraut zu werden.«*

Gut zu wissen: Gesetze und Empfehlungen

Spätestens mit dem Kauf des ersten Schafes muss jeder Besitzer die Anzahl seiner Tiere bei der Kreisverwaltung oder dem Veterinäramt melden. Dort bekommt er eine zwölfstellige Tierhalter-Registriernummer, die sogenannte HIT-Nummer, sowie jeweils zwei Ohrmarken für alle Schafe, die älter als neun Monate sind. Auf diesen sind sowohl die Halternummer aufgedruckt als auch die individuelle Tiernummer. Ohne die Ohrmarken dürfen die Tiere weder verkauft noch geschlachtet werden. Die Nummer wird ebenfalls benötigt, um den Bestand mit Stichtag 1. Januar zu Beginn jeden Jahres bei der zuständigen Landwirtschaftsbehörde sowie Tierseuchenkasse (TSK) zu melden: Die Gebühr für die ersten 19 Schafe betrug 2012 zum Beispiel bei der Landwirtschaftskammer Baden-Württemberg zehn Euro jährlich, für jedes weitere Tier 0,50 Euro. Im Gegenzug zahlt die TSK Entschädigungen bei anzeigepflichtigen Seuchen wie Maul- und Klauenseuche und beteiligt sich an den Kosten für die Beseitigung der Tierkörper nach Auftreten einer gefährlichen Infektionskrankheit.

Darüber hinaus muss jeder Schafhalter ein sogenanntes Bestandsregister führen. Eingetragen werden darin nicht nur alle Zu- und Abgänge, sondern auch Krankheiten der Tiere sowie jede tierärztliche Behandlung samt der verordneten Medikamente.

Empfehlenswert ist zudem eine Tierhaftpflichtversicherung. Denn Schafe, die ausbrechen, verursachen möglicherweise einen Unfall – und das kann für den Halter sehr teuer werden. Eine Privathaftpflichtversicherung genügt, wenn nur einige wenige Tiere ohne wirtschaftlichen Zweck gehalten werden.

Der Schafhof in Tetenbüll

Auf der nordfriesischen Halbinsel Eiderstedt, nur wenige Kilometer von St. Peter-Ording entfernt, liegt der Hof der Volquardsens. Von der Landstraße geht kurz hinter der 600-Einwohner-Gemeinde Tetenbüll ein schmaler, mit Kies befestigter Weg ab und endet schließlich vor den weit geöffneten Toren des Stalls: 300 Quadratmeter für 130 Mutterschafe.

Durch alte Fenster wie dieses fällt Licht in den Schafstall.

Direkt an den schlichten Zweckbau aus den 1920er-Jahren grenzt das herrschaftlich anmutende zweistöckige Haupthaus an: ein mächtiger, durch große Fenster gegliederter Rotklinker von 1894. Vier Stufen führen zu dem säulenbewehrten Eingang. Von dort hat man nicht nur den besten Überblick über alle ankommenden Besucher, sondern auch freie Sicht über die durch Wassergräben getrennten Weiden bis zum Horizont. Umgeben ist das Haus von Linden, Blutbuchen, Eschen und Weiden. Einen kleinen Bauerngarten gibt es natürlich auch. Er ist mit Staketen aus unbehandelter Kastanie eingezäunt, damit die vier Hunde der Volquardsens nicht darin herumtoben. Dort wachsen Kartoffeln, Bohnen und Erbsen. »Ehrlicherweise kommen wir mit der Gartenarbeit im Sommer nicht hinterher, was vor allem die Kapuzinerkresse ausnutzt und vor sich hin wuchert«, gesteht Monika Volquardsen und lacht. »Aber uns gefällt es so, wie es ist.«

Das Anwesen hatte Redlef Volquardsens Urgroßvater 1931 erworben. Die ursprünglichen Besitzer waren mit gemästeten Rindern reich geworden, die sie per Schiff nach London transportierten und dort verkauften. Als Demonstration ihres Wohlstands ließen die Bauern das Wohnhaus im englischen Stil errichten – für die Gegend und die damalige Zeit ganz und gar untypisch.

Zum Glück für die heutigen Eigentümer setzten sie das Gebäude auf einen bereits bestehenden Gewölbekeller von 1730. Denn der ist kühl und feucht und bietet auf diese Weise ideale Bedingungen für die Reifung von Käse. Damit die Temperatur sommers wie winters gleichbleibend bei 13 Grad liegt, müssen die Volquardsens allerdings ein bisschen nachhelfen. Sie tun das mit einem Kühlaggregat, das sie ganz konventionell mit Strom betreiben, wenn auch nachhaltig erzeugt. Für die Käserei, die in der ehemaligen Waschküche gleich neben dem Stall untergebracht ist, produzieren sie jedoch ihre eigene Energie: Auf dem Schieferdach ihres alten Hauses haben sie Sonnenkollektoren installieren lassen.

Hinter alten Linden, Blutbuchen, Eschen und Weiden versteckt sich das Haupthaus des Schafhofs der Familie Volquardsen.

Frühjahr

Wenn es langsam wieder wärmer wird und das Gras endlich zu sprießen beginnt, heißt es für die Schafe: Raus aus dem Stall und rauf aufs Grün. Doch die Weidesaison muss gut vorbereitet werden, damit die Tiere sie gesund und munter verbringen können.

Vorbereitungen auf die Weidesaison

Die Tage werden länger, die Temperaturen milder, und draußen beginnt alles zu wachsen. Doch bevor die Schafe auf die Weide getrieben werden, sollten sie frei von Würmern sein; das gilt auch für die Lämmer.

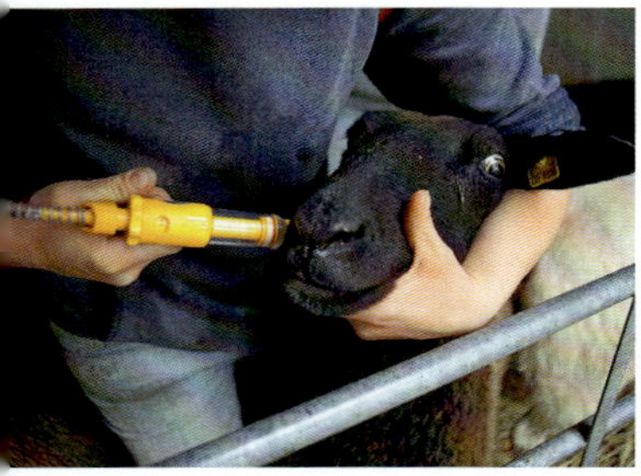

Im Frühjahr sollten die Tiere entwurmt werden. So lässt sich der ständige Parasitenzyklus unterbrechen.

Zwar leben in den meisten Tieren Innenparasiten wie Leberegel, Magen-Darm-, Band- oder Lungenwürmer, und Schafe mit einem gut funktionierenden Immunsystem werden dadurch auch kaum beeinträchtigt. Doch vor allem im Frühjahr scheiden sie mit dem Kot eine enorme Anzahl parasitärer Eier aus – und leiten auf diese Weise einen neuen Wurmzyklus ein. Manchmal genügen bereits fünf Tage. Länger dauert es nämlich nicht, bis sich bei feuchtwarmem Wetter aus den Eiern infektiöse Larven entwickeln. Die klettern dann auf der Wiese an Grashalmen hoch, von wo sie zusammen mit dem Grünfutter gefressen werden und in den Schafen zu geschlechtsreifen Würmern heranwachsen. Nach der Paarung legen die Weibchen ihre Eier ab, die wiederum mit dem Kot auf der Weide landen – und der Kreislauf beginnt von Neuem.

Unter den Parasiten leiden besonders Lämmer. Denn je nach Wurmart bekommen die Schafe Durchfall, magern ab oder werden von einem anhaltenden Husten gequält, weil durch die Erkrankung gesundes Gewebe in der Lunge zerstört wurde. Bei einer größeren Gruppe werden deshalb alle Tiere vorsorglich entwurmt; bei einem kleineren Bestand manchmal jedoch nur die betroffenen, da Schafe Resistenzen gegen das Arzneimittel ausbilden können, was die Behandlung unnötig verkompliziert.

Grundsätzlich sollte der Kot sowohl kurz vor einer geplanten Behandlung als auch zwölf bis vierzehn Tage danach untersucht werden, um den Erfolg zu kontrollieren. Die Medikamente sind ausschließlich über den Tierarzt zu beziehen. Der kann gegebenenfalls auch einen Zeitplan aufstellen, nach dem die Schafe regelmäßig entwurmt werden. Ansonsten geschieht dies meistens noch ein weiteres Mal vor dem Einstallen im Winter.

Monika Volquardsen: *»Bezüglich der Würmer sollte man vor allem die Lämmer im Auge behalten, da sie am empfindlichsten sind. Wir schicken zur Sicherheit spätestens zwei Wochen nach dem Weideaustrieb Kotproben aller Lämmer ins tierärztliche Untersuchungslabor.«*

Bevor die Lämmer die Weidesaison genießen dürfen, müssen einige Vorbereitungen getroffen werden.

Damit die Lämmer und ihre Mütter gesund bleiben, muss die Weide regelmäßig gewechselt werden.

Die verschiedenen Weidetechniken

Zwei Tage nach einer Wurmkur sollten die Tiere auf eine frische Weide getrieben werden, damit der Wurm-Ei-Larve-Wurm-Kreislauf unterbrochen wird. Um einem erneuten Befall vorzubeugen oder ihn wenn möglich komplett zu vermeiden, sollten Schafe höchstens fünf Tage lang auf ein und demselben Areal grasen und frühestens sechs Wochen später dorthin zurückkehren. Voraussetzung für diese wechselnde Weidetechnik ist allerdings, dass ein Halter über mindestens zehn ausreichend große Parzellen verfügt.

Eine gute Alternative zu diesen Umtriebsweiden sind sogenannte Portionsweiden. Dabei wird eine große Wiese so genutzt, dass den Tieren entweder jeden oder jeden zweiten Tag ein neues Stück mit frischem Gras zugeteilt wird. Meist geschieht dies mithilfe eines Elektrozauns, der entsprechend versetzt wird.

Auf einer Standweide dagegen bleiben die Schafe die gesamte Saison über – und der Arbeitsaufwand ist entsprechend gering. Doch die Nachteile sind nicht nur wegen der großen Gefahr der Verwurmung gravierend. Unter anderem können beispielsweise durch länger anhaltenden Regen die Hauptwege verschlammen und sich im Morast Erreger für infektiöse Klauenerkrankungen ansiedeln. Außerdem wird durch die ständige Nutzung die Grasnarbe zerstört.

Welcher Zaun für welche Weide?

Für welche Form der Beweidung man sich auch immer entscheidet: Jede Wiese benötigt einen Zaun – wenn nicht wie in Nordfriesland üblich ohnehin natürliche Trennungen durch Wassergräben bestehen. Für die dauerhafte Variante, die gegebenenfalls allerdings auch genehmigungspflichtig ist, haben sich vor allem Knotengitter aus Draht bewährt. Sind deren Maschen unten enger als oben, sind sie sogar lämmersicher. Doch Schafe halten sie nur dann vom Ausbrechen ab, wenn das Gitter stets straff gespannt ist und der unterste Draht höchstens fünf Zentimeter über dem Boden verläuft. Insgesamt sollte der Zaun mindestens einen Meter hoch sein, von stabilen Pfählen gehalten werden und idealerweise auf der Innenseite zusätzlich einen Elektrodraht auf Isolatoren in circa 30 Zentimetern Höhe führen. Knotengitter gibt es auch in einer Elektrovariante aus Kunststoff. Durch das geringe Gewicht sowie die integrierten Stäbe können diese Zäune sehr schnell auf- und abgebaut werden. Die stromführenden Metallfasern sind dabei in den waagerecht verlaufenden Schnüren eingearbeitet.

Beide Netzvarianten eignen sich allerdings nicht für Schafe mit Hörnern; die könnten damit in den Maschen so unglücklich hängen bleiben, dass sie sich dadurch strangulieren oder durch den pulsierenden Strom schwer verletzt werden. Für sie bleibt nur die dritte Variante: Elektrozäune mit drei, besser noch vier oder mehr übereinander angeordneten Nylonlitzen, durch die der Strom fließt – ein System, das sich auch hervorragend für Umtriebs- und Portionsweiden eignet.

Dass ein Elektrozaun unangenehm ist, lernen Schafe übrigens schnell. Idealerweise machen sie damit in einer fest eingezäunten Koppel Bekanntschaft; so lässt sich verhindern, dass sie ausbrechen. Und in der Regel haben sie danach genügend Respekt und meiden ihn.

Redlef Volquardsen: *»Wenn wir Tiere, die noch keinen Elektrozaun kennen, das*

Frühlingsfreude für Schafe: Frisches Gras und jemanden zum Spielen – was will man mehr?

erste Mal auf eine umzäunte Wiese lassen, bleiben wir bei ihnen. Falls die Schafe panisch auf den Stromschlag reagieren, können wir eingreifen und die Tiere beruhigen.«

Da Schafe aufgrund ihrer Wolle Strom erst ab einer gewissen Impulsstärke spüren, sollte die Spannung der Weidezaungeräte zwischen 4.000 und 6.000 Volt liegen. Wichtig ist, dieses Gerät ebenso zu erden wie die Trocken- oder Autobatterie, die es betreibt. Zum Beispiel, indem entsprechende Metallstäbe mindestens 50 Zentimeter tief in die Erde geschlagen werden.

Sowohl Zaun als auch Spannung sollten bei der täglichen Kontrolle der Schafe grundsätzlich mitüberprüft werden. Außerdem natürlich, ob ausreichend sauberes Wasser vorhanden ist. Ein Großteil des Bedarfs an Flüssigkeit wird zwar über das im Gras enthaltene Wasser sowie durch Tau und Regen gedeckt. Dennoch benötigt ein Schaf je nach Außentemperatur zusätzlich zwischen zwei und zehn Liter. Auf der Weide steht deshalb am besten ein Wassertank samt Schwimmertränke, alternativ eine große Wanne, die die Tiere nicht umstoßen oder verschmutzen können. Darüber hinaus sollten ein Salz- und ein Mineralleckstein vorhanden sein.

Ferner sollte die Weide über einen Unterstand oder natürlichen Schutz gegen Sonne und Regen, Buschwerk und Bäume zum Scheuern und – abgesehen von jungem Gras – auch über eiweißreiche Hülsenfrüchtler wie Klee und Wicke verfügen.

Wer mit dem Bewuchs seiner Weiden unzufrieden ist, sät am besten nach, was ohnehin in regelmäßigen Abständen getan werden sollte. Gegebenenfalls schickt man im Herbst mehrere Bodenproben an die zuständige Landwirtschaftskammer mit der Bitte um eine Analyse. Dort wird der Nährstoffgehalt aufgeschlüsselt und eine Empfehlung für die Düngung im nächsten Frühjahr gegeben.

Sobald Schafe Tag und Nacht auf der Weide bleiben können, sollte der Stall einmal komplett ausgemistet werden. Am leichtesten gelingt dies mit einem Trecker oder einem kleinen Bagger, denn mit der Zeit wird Schafsmist extrem hart. Anschließend wird der Stall samt Tränkevorrichtungen gründlich gereinigt. Ist er richtig durchgetrocknet, empfiehlt es sich, die Wände mit Kalkschlämme zu streichen und über den Boden Branntkalk zu streuen. Beides dient der wichtigen Desinfektion. Gleiches gilt natürlich auch für den Auslauf und den Viehanhänger.

Monika Volquardsen: *»Wir misten den Stall mindestens zwei-, lieber dreimal im Jahr aus. Wir haben die Erfahrung gemacht, dass unsere Lämmer viel seltener krank sind, seitdem wir vier Wochen nach Beginn der Lammzeit misten.«*

Knotengitter aus stromführendem Kunststoff mit integrierten Stäben lassen sich schnell auf- und abbauen.

Lene, die Hütehündin

»Away.« Leise gibt Redlef Volquardsen auf der Weide das Kommando, so leise, dass es kaum zu verstehen ist. Doch Lene hat verstanden. Wie ein Pfeil fliegt sie los, jagt tief geduckt im weiten Bogen um die verstreut grasende Schafherde herum. Dann stoppt sie plötzlich in 250 Meter Entfernung, blickt in Richtung Volquardsen und erwartet seine nächste Anweisung in der schottischen Hütesprache.

Lene ist nicht nur ein guter Hütehund, sondern auch eine wunderbare Spielkameradin für Klara.

Und da kommt auch schon sein »Look back«, genauso leise wie zuvor. Lene saust los, um vier weiter entfernt fressende Jungtiere einzukreisen und zu den übrigen zu bringen. Gemächlich setzt sich die Herde nun in Richtung Volquardsen in Bewegung. Volquardsen ist zufrieden. »That'll do«; »Hör' auf, komm zurück«. Kurz darauf trottet Lene mit hechelnder Zunge an seiner Seite, die Schafe vorneweg.

Lene ist ein Border Collie, ein schottischer Hütehund mit ziemlich langem Stammbaum. Im Sommer 2008, mit acht Wochen, kam sie auf den Hof in Nordfriesland, nur wenig älter als Tochter Klara. Die Geburtsanzeige zeigt denn auch das Baby mit dem damals meerschweinchengroßen Welpen auf einem Schaffell. Klar, dass Lene quasi zur Familie Volquardsen gehört. So wie übrigens auch die drei anderen Border Collies: Nopp, ein ruhiger Rüde, sowie Spot und Bella, die aus einem Wurf von Lene und Nopp stammen. »Nicht, dass wir wirklich vier Hunde bräuchten«, erzählt Monika Volquardsen später, als Nopp und Lene ruhig in der Küche unter dem großen Esstisch liegen. »Aber Redlef und ich konnten uns nicht auf einen Welpen einigen, also haben wir beide behalten.«

Während der Weidesaison holen die Volquardsens die Mutterschafe morgens und abends zusammen mit den Hunden in den Stall zum Melken – zu groß ist die Herde, zu groß die einzelnen Wiesen. Ausgebildet haben sie die Tiere überwiegend selbst, und tun es immer noch. »Man muss immer wieder üben«, erklärt Redlef Volquardsen, »auch wenn es nur acht Befehle sind, die wir zum Hüten benötigen.« Schließlich müssten die Hunde aufs Wort gehorchen. Und, tun sie das? »Meistens«, sagt er und lacht, »okay, manchmal.«

Lene zum Beispiel sei so klug, dass sie abschätzen könne, ob man sie sehe, wenn sie gerufen würde – oder eben nicht. »Sehen wir sie nicht, kommt sie auch nicht.«

Border Collie Lene reagiert auf die leiseste Anweisung von Redlef Volquardsen, um die Schafe zusammenzutreiben.

Das Scheren

Wenn der Nachtfrost nach den Eisheiligen Mitte Mai ausgeschlossen werden kann, steht für die meisten Schafe eine Schur an. Im Gegensatz zu ihren wildlebenden Verwandten sind Hausschafe nämlich nicht mehr in der Lage, zum Sommer hin ihre Wolle abzuwerfen, schließlich wurden sie Jahrtausende auf einen möglichst hohen Ertrag hin gezüchtet.

Alternativ – gegebenenfalls aber auch zusätzlich – wird im Spätherbst vor der Einstallung geschoren. Wer das selbst tun möchte, besucht dazu am besten einen entsprechenden Lehrgang von einem der Schafzuchtverbände. Ansonsten beauftragt man professionelle Scherer mit dieser Aufgabe; sie arbeiten im Akkord und benötigen pro Schaf nicht mehr als drei Minuten. Ein nicht unwichtiger Vorteil: Sie bringen frisch geschliffen und geölt das dafür notwendige Handwerkszeug mit.

Vorbereitungen

Vor der Schur ist der dafür vorgesehene Platz herzurichten. Idealerweise befindet er sich in der Nähe der Schafe wie beispielsweise im Stallgang oder Auslauf. Damit das Wollvlies nicht unnötig verdreckt, sollte der Bereich sauber gefegt sein und ein Verlängerungskabel für die elektrische Schermaschine bereitliegen, da meist keine Handschere benutzt wird. Denn damit dauert die Schur pro Schaf etwa eine Stunde – und ist dadurch anstrengender als sie ohnehin schon ist: kräftezehrend für die Menschen, stressig für die Tiere, die immerhin die gesamte Zeit über ruhig stehen müssen.

Auch die Schafe selbst einschließlich der Frühjahrslämmer sind vorzubereiten, denn ihre Wolle muss trocken sein. Am Vortag sollten sie weniger zu fressen bekommen, da sie zur Schur in der Regel auf ihr Hinterteil oder in eine spezielle Bank gesetzt werden und dadurch unter Atemnot leiden könnten. Es gibt allerdings auch Hobbyhalter, die ihre Schafe im Stehen scheren.

Ablauf der Schur

Begonnen wird je nach Technik entweder am Schwanz oder am Nacken. Dabei wird die Maschine beziehungsweise die Schere so dicht auf der Haut geführt, dass ein möglichst zusammenhängendes Vlies abgeht. Dies sollte nach der Schur für mindestens zwei Stunden mit der Innenseite nach außen gelegt

Die Schafe dürfen erst geschoren werden, wenn es keinen Nachfrost mehr gibt, meist also nach den Eisheiligen Mitte Mai.

werden, damit die noch vorhandene Restfeuchtigkeit verdunsten kann. Sonst beginnt es während der Lagerung möglicherweise zu schimmeln oder zu vergilben und wird so unbrauchbar.

Anschließend werden alle verschmutzten Fasern herausgezupft, bevor die Wolle in Jutesäcken oder Ähnlichem an einem möglichst dunklen, luftigen und nicht zu warmen Ort gelagert wird. Die Vliese lassen sich unter anderem an Weiterverwerter oder Hobby-Spinner verkaufen – oder man verarbeitet sie selbst beziehungsweise lässt sie teilweise oder auch ganz aufbereiten (mehr dazu im Kapitel »Sommer«).

Monika Volquardsen: *»Wir scheren unsere Schafe zwei Mal: zum Aufstallen im Dezember und während der Weidesaison im Juni. Die Wolle ist dann zwar relativ kurz und eignet sich nicht so gut zum Weiterverarbeiten. Aber unsere Schafe sind dadurch sauberer und haben kaum Probleme mit Läusen. Das ist uns als Biolandbauern wichtig. So können wir die Behandlungen gegen diese parasitären Insekten auf ein Minimum beschränken.«*

Milch & Melken

Genutzt werden kann nicht nur die Wolle, sondern auch die Milch. Weil die aber auch für das Wachstum und die Entwicklung der Lämmer wichtig ist, sollten diese frühestens mit sechs Wochen abgesetzt werden. Denn dann sind ihre Mägen so weit ausgebildet, dass sie Raufutter wie Heu oder Gras problemlos verdauen können.

Morgens und abends werden die Tiere der Volquardsens zum Melken in den Stall getrieben.

Maximal acht Monate im Jahr geben Schafe Milch, und zwar zwischen ein und vier Litern täglich. Meist endet die sogenannte Laktationsperiode Anfang Oktober. Bis dahin wird morgens und abends gemolken. Hat man nur wenige Tiere, geht das schnell und einfach mit der Hand; die richtige Technik – sie heißt Fausten – lässt man sich am besten von jemand Erfahrenem zeigen. Ist man nach 50-, 60-mal geübter, benötigt man für ein Tier etwa drei Minuten.

Hygieneregeln

Beim Melken ist Sauberkeit äußerst wichtig: Die Hände werden gründlich mit Seife gewaschen und alle Gegenstände kurz vor ihrer Verwendung sorgfältig gereinigt. Auch Euter und Zitzen werden entweder mit feuchten Einmaltüchern oder spezieller Euterreinigungswolle gesäubert.

Nach dem sogenannten Anrüsten, also der Stimulierung des Euters, kommen die ersten zwei bis drei Milchspritzer zur Kontrolle in einen Vormelkbecher. Wirken sie flockig oder geronnen, ist dies ein Hinweis auf eine Infektion im Euter und der Tierarzt sollte gerufen werden. Gemolken werden muss das Tier trotzdem. Die Milch ist jedoch anschließend wegzuschütten. Vormelkbecher, Eimer und Hände sind danach gewissenhaft zu waschen, damit keine weiteren Schafe angesteckt werden. Ist dagegen alles in Ordnung, wird die Rohmilch gesiebt, auf Zimmertemperatur abgekühlt und danach in einem sauberen Gefäß kalt und dunkel aufbewahrt. Zwei bis drei Tage ist sie so haltbar. Die benutzten Melkbecher und -eimer werden nach ihrem Gebrauch unverzüglich heiß ausgespült und die Hände gründlich gewaschen.

Besteht der Verdacht auf eine Euterentzündung, sollte die Milch kontrolliert werden. Lassen sich beim Schalmtest erhöhte Zellzahlen nachweisen, darf die Milch weder getrunken noch weiterverarbeitet oder verfüttert werden. Gleiches gilt für die Milch von Tieren, die medikamentös behandelt werden.

Im Melkstand kommt man problemlos an die Euter. Doch eine solche Anlage lohnt sich nur bei Herden ab 20 Tieren.

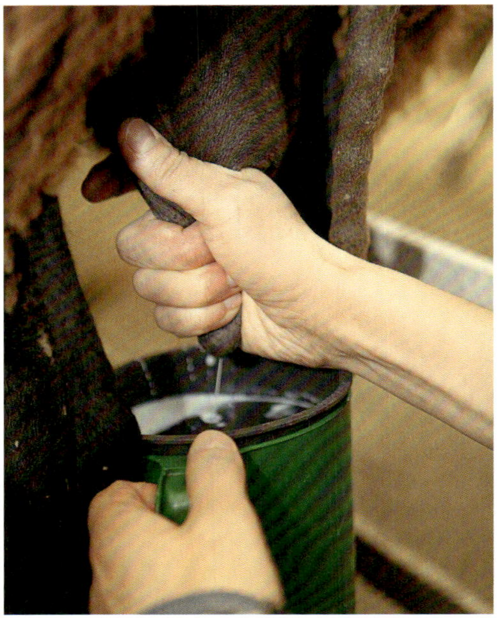

Links: Die ersten zwei, drei Milchspritzer werden zur Kontrolle im Vormelkbecher aufgefangen.

Rechts: Vor und nach dem Melken müssen die Schafe warten. Denn erst wenn alle gemolken sind, geht es wieder raus auf die Weide.

Gesund, gesünder, Schafmilch

Mild und sahnig schmeckt die Milch von Schafen. Grund dafür ist ihr Fettgehalt. Der beträgt nämlich zwischen sechs und neun Prozent – und ist damit deutlich höher als der von Kuhmilch (3,95 Prozent) oder Ziegen (4,5 bis 5 Prozent). Doch zugleich hat Schafmilch auch den mit Abstand höchsten Eiweißanteil und ist darüber hinaus überaus reich an Mineralstoffen wie Kalzium, Zink und Eisen sowie an Vitamin C und B12. Kurz: Schafmilch ist ernährungsphysiologisch besonders wertvoll.

Nach langer Reifung im Keller hat man endlich das, was man will: leckeren Käse.

Doch Milch ist nicht gleich Milch. Je nach Jahres- oder Tageszeit schmeckt sie anders, sogar das Futter der Tiere und nicht zuletzt die Art ihrer Verarbeitung beeinflusst das Aroma.

Grundsätzlich lässt sich die Rohmilch von Schafen zu Käse verarbeiten – idealerweise ist sie dafür zwischen 12 und 36 Stunden alt und ein Mix aus Morgen- und Abendmilch. Allerdings kann sie ein Bakterium enthalten, das im Menschen die seltene, aber gefährliche Infektionskrankheit Listeriose hervorzurufen vermag.

Schwangere, Kleinkinder und Menschen mit einem geschwächten Immunsystem sollten deshalb grundsätzlich auf Produkte aus Rohmilch verzichten. Und auch wer sicher gehen will, pasteurisiert Rohmilch, indem er sie entweder für 15 bis 30 Sekunden auf 72 bis 75 Grad erhitzt oder 30 Minuten lang bei 63 bis 65 Grad erwärmt.

Zugleich wird die Milch dadurch auch haltbarer. Die Pasteurisierung hat jedoch auch Nachteile: Geschmack und Vitamingehalt leiden darunter. Außerdem werden Eiweiße zerstört, was das Dicklegen der Milch beim Käsen etwas verzögert.

Doch egal, ob man Rohmilch verarbeitet oder pasteurisiert: Generell gilt für die Zubereitung von Milch- und Käseprodukten, stets sauber zu arbeiten sowie alle Gegenstände vor und nach Gebrauch für zwei bis drei Sekunden mit kochendem Wasser zu desinfizieren.

Redlef Volquardsen: *»Käsen hat auch heute noch etwas sehr Faszinierendes für mich: Erst wird die flüssige Milch beim Einlaben dick wie ein Pudding, dann fließt beim Zerschneiden plötzlich gelbe Molke aus und schließlich ist nach langer Reifung im Keller aus der Milch der leckerste Käse geworden.«*

Reinbeißen und genießen: Klara schmeckt der Käse ihrer Eltern. Auch ohne Brot.

Wie aus Milch Joghurt, Dickmilch und Sahnequark wird

Es wirkt ein bisschen wie Zauberei, tatsächlich aber ist es nur ein einfacher, chemischer Prozess, der Milch in verschiedene, leicht säuerlich schmeckende Sorten verwandelt. Vorausgesetzt: Es sind genügend Milchsäurebakterien vorhanden. Da das aufgrund der hohen Hygienestandards nur selten der Fall ist, hilft man ein bisschen nach – und erhält je nach Bakterienart, Temperatur und Zeit Joghurt, Dickmilch oder Sahnequark.

Arbeitsgeräte_ **2-Liter-Topf • Thermometer • Thermo-Lunch-Box (Füllvolumen: 1,4 Liter) • Gläser**

Naturjoghurt

Zutaten_ **1 Liter Rohmilch • 1 Msp. Joghurtkultur (z. B. LaBiDa; zu beziehen über Spinnrad; Adressen siehe Anhang) • alternativ: 4 EL Naturjoghurt aus Schafmilch**

1_ Die Milch in einem Topf auf etwa 45 Grad erwärmen. Kultur erwärmen. Die Temperatur etwa 3–4 Stunden lang halten (z. B. in einer Thermo-Lunch-Box).

2_ Anschließend die Masse in Gläser füllen und in einem Joghurtbereiter zwölf Stunden stehen lassen. Alternativ: Die vorbereiteten Gläser auf eine warme Heizung stellen oder mit einem dicken Handtuch umwickeln.

Varianten_ Etwas Fruchtpüree aus Himbeeren, Erdbeeren oder anderen Früchten ins Glas geben und anschließend mit Joghurt auffüllen.

Dickmilch

Zutaten_ **1 Liter Rohmilch oder pasteurisierte Milch • 1 Msp. Kultur (z. B. »MM 100« von IP-Ingredients, zu beziehen über den Fachhandel; Adresse siehe Anhang) • alternativ: etwas Biobuttermilch**

1_ Die Milch zusammen mit der Kultur auf 30 Grad erwärmen. Anschließend an einem warmen Ort (z. B. auf einer Heizung) 24–48 Stunden stehen lassen. Alternativ in eine Thermo-Lunch-Box geben und verschließen.

2_ Die Dickmilch in Gläser geben. Bald verzehren.

Für hausgemachtes Joghurt braucht man keine besonderen Geräte – Topf, Gläser und eine warme Heizung reichen völlig.

Sahnequark

Zutaten_ **1 Liter Rohmilch • 1 Msp. Kultur (z. B. ProBiDa von Spinnrad, zu beziehen u. a. über Reformhäuser oder Amazon) • ½ Tablette Lab (z. B. von Spinnrad)**

1_ Die Milch auf 35 Grad erwärmen, ProBiDa einrühren, anschließend 1–2 Stunden bei Zimmertemperatur stehen lassen.

2_ Lab ebenfalls kurz einrühren, anschließend 1–2 Stunden bei 30 Grad warm halten (z. B. im Backofen).

3_ Bruch kreuz und quer einschneiden und die Masse dann in ein mit einem Leinentuch oder einer Mullwindel ausgelegtem Sieb schöpfen. Den Stoff an seinen vier Enden hoch nehmen und die Molke je nach Konsistenz zwischen 2 und 6 Stunden abtropfen lassen (nicht auspressen). In Gläser geben.

Herzhafte Variante_ Als Brotaufstrich mit getrockneten Tomaten oder Kräutern vermischen.

Tipp_ Die abgetropfte Molke schmeckt pur oder mit Fruchtsaft vermischt.

Frischkäse

Wer noch keinerlei Erfahrung im Käsen hat, startet am besten mit Frischkäse: Der ist nämlich schnell und einfach herzustellen und gelingt immer. Da er nur wenig reifen muss, ist er darüber hinaus auch in weniger als 48 Stunden fertig. Das Ergebnis? Ein cremig-milder, feinsäuerlicher Käse, der sich nahezu unendlich variieren lässt – mit Kräutern, Gewürzen, Gemüse, ja sogar mit Fisch. Übrigens: Das Rezept funktioniert auch mit Vollmilch.

Mit einem Schaumlöffel wird die Masse in die Käseform gegeben. Anschließend muss sie einen Tag bei Zimmertemperatur abtropfen.

Arbeitsgeräte_ (für die folgenden zwei Rezepte) • 8-Liter-Edelstahl-Topf als Mini-Käsekessel • große Wäschewanne aus lebensmittelechtem Kunststoff (oder besser: aus Edelstahl), versehen mit einem Loch in der Mitte als Abtropfblech • einige einfache Käseförmchen (Fachhandel) für Frisch- und Weichkäse • Haushaltsthermometer • Messer mit langer Klinge • Schaumlöffel aus Edelstahl

Zutaten_ 5 Liter Rohmilch • 1 Msp. Kultur (z. B. »MM100« von IP-Ingredients, zu beziehen über den Fachhandel), alternativ: 1 Tasse Bio-Buttermilch • 2–3 Tropfen Kälbermagenlab (z. B. »Calina 1:17500« von IP-Ingredients)

1_ Die Milch auf 24 Grad erwärmen, anschließend die Kultur unterrühren. 1 Stunde bei 24 Grad stehen lassen.

2_ 2–3 Tropfen Kälbermagenlab unterrühren, den Topf mit einem Deckel verschließen und etwa 18 Stunden lang in einen warmen Raum stellen, ohne ihn zu bewegen (das Dicklegen der Milch wird sonst gestört); die Konsistenz ist ähnlich wie bei stichfestem Joghurt.

3_ Käseformen in die Abtropfwanne stellen und mit einem Schaumlöffel die Masse hineingeben.

4_ Formen mit der Öffnung nach oben in der Abtropfwanne für 24 Stunden in einen kühleren Raum (etwa 15–18 Grad) stellen.

5_ Die austretende Molke durch das kleine Loch im Boden der Wanne in ein Gefäß laufen lassen. Der Frischkäse hält sich etwa 14 Tage im Kühlschrank.

Variante_ Frische Kräuter oder Gewürze unter den Frischkäse mischen.

Tipp_ Die ausgetretene Molke pur oder mit Fruchtsäften verfeinert gekühlt trinken.

Mit Kräutern und Gewürzen verfeinert, schmeckt Frischkäse auf einer zünftigen Scheibe Vollkornbrot besonders gut.

Frischer Friese

Der »Frische Friese« ist ein junger Weichkäse, der mit seiner frischen Note zu den beliebtesten Käsesorten im kleinen Hofladen der Familie Volquardsen gehört. Vor allem die Variante mit Bärlauch kommt gut an. Der »Frische Friese« schmeckt pur zu Schwarzbrot, verfeinert Salate und eignet sich auch hervorragend als Ofenkäse, zum Beispiel in Kombination mit Preiselbeermarmelade. Und da er sich ohne großen Aufwand auch in der eigenen Küche herstellen lässt – hier die Anleitung.

Bei der Käseherstellung ist sorgfältiges Arbeiten notwendig – Monika Volquardsen ist entsprechend konzentriert.

Zutaten_ **5 Liter Rohmilch • 1 Msp. Kultur (z. B. »MM100« von IP-Ingredients, Fachhandel) • 10 Tropfen Kälbermagenlab (z. B. »Calina 1:17500« von IP-Ingredients, Fachhandel)**

1_ Die Milch auf 33 Grad erwärmen, anschließend die Kultur unterrühren. Nach 20 Minuten das Lab unterrühren, mit einem Schaumlöffel die Bewegung im Topf stoppen.

2_ Die Milch 45 Minuten lang auf dem Herd bei 33 Grad eindicken lassen, anschließend mit einem Messer in etwa 1 cm breite Längs- und Querstreifen schneiden.

3_ 15 Minuten ruhen lassen, bis die Gallerte komplett von der austretenden Molke bedeckt ist. Mit dem Schaumlöffel von der Oberfläche der Gallerte bis zum Topfboden spiralförmig rühren, sodass die Streifen zu Würfeln, dem sogenannten Käsebruch, geschnitten werden. Erneut etwa 15 Minuten ruhen lassen.

4_ Anschließend vorsichtig den abgesackten Käsebruch hochrühren, sodass die Bruchkörner nicht am Boden zusammenkleben, ohne sie allerdings in ihrer Größe zu zerstören.

5_ Nach einer weiteren Ruhezeit von 15 Minuten kann der Bruch nach weiterem Aufrühren in die Käseformen gefüllt werden. In der Wanne abtropfen lassen.

6_ Sind alle Formen gefüllt, die Käse wenden, indem die Käselaibe aus der Form auf die saubere und desinfizierte Hand herausgeklopft und um 180 Grad gedreht vorsichtig wieder in die Form gedrückt werden.

7_ Das Wenden in immer größer werdenden Zeitabständen wiederholen, damit die Käse gleichmäßig entmolken werden: das erste Mal nach 30–45 Minuten, dann nach

Ein fertiger »Frischer Friese« – Klara kann es kaum erwarten, ihn zu probieren.

90 Minuten, dann nach 3 Stunden; insgesamt 4–6 Mal wenden.

8_ Während die Laibe entmolken werden, darf die Raumtemperatur nicht unter 20 Grad sinken, damit die Milchsäurebakterien die Käselaibe durchsäuern können.

9_ Am nächsten Morgen die Käselaibe aus den Formen nehmen, mit etwas Salz einreiben und noch einen weiteren Tag bei Zimmertemperatur lagern.

Der Käse hält sich im Kühlschrank etwa eine Woche lang.

Sommer

Schafe auf ihrer Weide zu besuchen, macht in dieser Jahreszeit besonders viel Vergnügen. Denn dann lässt sich beobachten, wie gut sich die Lämmer und ihre Mütter entwickeln – immer vorausgesetzt, man hegt und pflegt nicht nur die Tiere, sondern auch die Grünflächen.

Gesunde, lebhafte Schafe

Saftiges Gras, Wasser, Bäume oder ein Unterstand, der ausreichend Schatten spendet – viel mehr braucht es in den Sommermonaten eigentlich nicht, um sich an gesunden, munteren Schafen freuen zu können. Vorausgesetzt: Die Tiere werden gezielt entwurmt, ihre Klauen mindestens zweimal jährlich geschnitten und die Weiden im Wochenrhythmus gewechselt.

Das Befinden der Schafe lässt sich sowohl an ihrem Äußeren als auch an ihrem Verhalten ablesen. Deshalb ist es wichtig, sie täglich aufmerksam zu beobachten. Erst dann stellt man selbst kleinste Veränderungen fest und kann gegebenenfalls diese Tiere zur genaueren Kontrolle aus der Herde nehmen.

Geht es Schafen gut, so zeigt sich das unter anderem an einem glänzenden, glatten Vlies, an aufmerksamen Reaktionen beispielsweise auf Geräusche sowie an ausgiebiger Fresslust und regelmäßigem Wiederkäuen.

Ein hängender Kopf, Lahmen oder Absondern von der Herde dagegen sind sichtbare Zeichen dafür, dass etwas nicht in Ordnung ist. Häufig ist die Ursache dafür das Futter. Oft ist es entweder zu reichhaltig oder zu mager, enthält zu viel Proteine (was zum Beispiel Klauenrehe und damit Lahmen verursachen kann) oder zu wenig Mineralien. Oder das Futter wurde abrupt gewechselt. Oder es ist nichts von alledem, sondern ein Parasit. Auch ein schlechtes Stallklima, verursacht beispielsweise durch trockene Einstreu oder schlechte Belüftung, kann das Immunsystem der Tiere schwächen. Als mögliche Folge können Lungenentzündungen oder andere Erkrankungen der Atemorgane entstehen.

Lässt sich der Grund nicht finden und abstellen, ist es ratsam, den Tierarzt zu rufen. Und das lieber früher als zu spät. Denn je eher eine Krankheit entdeckt wird, desto früher kann mit einer Behandlung begonnen werden und desto besser sind die Heilungschancen. Mit dem Tierarzt sollte man auch besprechen, inwieweit Impfungen sinnvoll sind oder ob man wegen möglicher Nebenwirkungen nicht besser darauf verzichten sollte.

Vorbeugung und Behandlung

Gesunde und gut genährte Schafe sind gegen sogenannte Außenparasiten wie Milben, Schaflausfliegen und Zecken weniger anfällig. Entsprechend wichtig ist es, auf ausgewogenes Futter sowie ausreichende Mineralstoff-

Wer seine Tiere täglich beobachtet, bemerkt sofort, wenn sich ihr Verhalten ändert: Möglicherweise sind das Anzeichen einer Erkrankung.

Fresslust und Aufmerksamkeit zeichnen gesunde Schafe aus. Entsprechend neugierig wird Klara, die Tochter der Volquardsens, begrüßt.

und Vitaminzufuhr zu achten. Die kleinen Tierchen sind nämlich nicht nur Krankheitserreger, sondern auch Überträger von Krankheiten – und zwar sowohl auf andere Schafe als auch auf Menschen.

Als vorbeugende Maßnahme dient unter anderem die Schur im Frühjahr, weil sie dabei helfen kann, das Festsetzen der Parasiten zu verhindern. Läuse beispielsweise fühlen sich in sauberer, trockenerer Wolle nicht wohl.

Stockt man seine Herde durch Zukauf auf, sind die Schafe für mindestens zwei, besser vier Wochen in Quarantäne zu halten. Sonst besteht die Gefahr, dass sie durch unentdecktes Ungeziefer die gesamte Herde infizieren. Stellt man trotz dieser Maßnahmen einen Befall fest, weil sich die Tiere beispielsweise häufig kratzen und scheuern, empfiehlt es sich, alle Tiere medikamentös zu behandeln.

Monika Volquardsen: *»Außenparasiten lassen sich auf zwei Arten therapieren. Entweder gibt man eine kleine konzentrierte Menge direkt auf die Haut. Oder man taucht das Tier in ein Insektizidbad. Die sind jedoch hochgiftig für Mensch und Tier. Außerdem tropft anschließend die Waschlösung von der Wolle auf die Weide und tötet wertvolles Bodenleben. Wir vermeiden Parasiten durch zweimaliges Scheren und behandeln Einzeltiere nur, wenn sie von Goldfliegen befallen wurden.«*

Die Schur fördert die Gesundheit der Schafe. Parasiten – wie zum Beispiel Läuse – können sich so schwerer festsetzen.

Klara

Zart wirkt sie. So, als würde bereits eine leichte Böe genügen, um sie umzupusten. Tatsächlich aber stapft Klara, die Tochter von Monika und Redlef Volquardsen, selbst bei Windstärke 5, wenn der Wind mal wieder mit knapp 40 Stundenkilometern über die nordfriesische Tiefebene faucht, in ihren blauen, erdverschmierten Gummistiefeln unbeirrt über die Schafweide und schimpft dabei wie ein Rohrspatz.

»Ja«, sagt ihre Mutter Monika Volquardsen, »schimpfen kann sie.« Was sie durchaus anerkennend meint. Denn die Viereinhalbjährige ist hart im Nehmen. Und sie wehrt sich. Mit Worten gegen den Wind. Mit ihren kleinen Fäusten gegen einen 120-Kilo-Bock, der ihr kürzlich zu nahe kam. »Sie war ohne jede Angst; das fand ich schon ziemlich beeindruckend«, erzählt Monika Volquardsen. Schließlich wiegt Klara gerade mal 15 Kilo, und mit ihrem einen Meter fünf ist sie auch nicht viel größer als die Schafe.

»Die Tiere haben vor ihr mehr Respekt als vor mir«, behauptet ihr Vater, Redlef Volquardsen, halb im Scherz. Er lacht. Aber es ist in der Tat erstaunlich, mit welch geradezu instinktiver Selbstverständlichkeit sich Klara inmitten der Herde bewegt. Aber sie kennt es ja auch nicht anders: Mit drei Tagen hat sie ihr Vater zum ersten Mal auf Helma, eines der Mutterschafe, gelegt; und kaum dass sie krabbeln konnte, ist sie zu den Lämmern gerobbt und hat deren Futter probiert. Sie kann melken (»aber mein Papi hilft mir dabei«), war bei Geburten dabei und fährt manchmal mit, wenn Tiere zum Schlachter gebracht werden.

Im Sommer 2012 durfte sich Klara auch ein eigenes Lamm aussuchen. »Als ich ihr das anbot, hat sie mich sofort gefragt, ob sie auch zwei haben darf«, erinnert sich Redlef Volquardsen. »Ich war ziemlich baff. So viel Geschäftstüchtigkeit hatte ich nicht erwartet.«

Entschieden hat sich Klara dann für zwei Braunweißgescheckte. Warum? »Weil sie so schön sind.« Derzeit heißen die beiden Schneeweißchen und Rosenblüte. Doch die Namen ändert sie schon mal, so, wie bei ihren Puppen.

Was ihr an Schafen gefällt? »Dass man sie füttern kann.« Und so geht sie regelmäßig zu ihnen auf die Weide, rupft büschelweise Gras und gibt es ihnen zu fressen. Auch bei Windstärke 5.

Mit Herz und Schafverstand läuft Klara über die heimatlichen Wiesen. Angst vor den großen Tieren hat sie keine.

Böcke trennen

Gab es im Frühjahr Nachwuchs, müssen spätestens zu Beginn des Sommers die Bocklämmer aus der Herde genommen werden. Denn mit vier, fünf Monaten sind sie bereits geschlechtsreif. Sofern auch ein Deckbock vorhanden ist, grasen am besten alle zusammen auf einer Extra-Weide. Die sollte jedoch möglichst außer Sichtweite von den weiblichen Tieren liegen – oder zumindest durch ein paar Zäune getrennt sein. Denn sonst werden die Böcke versuchen, zu ihnen zu gelangen.

Bocklämmer sind schon mit vier bis fünf Monaten geschlechtsreif. Sie müssen frühzeitig von den weiblichen Tieren getrennt werden.

Das Ergebnis wäre dreifach fatal: Zum einen besteht die Gefahr der Inzucht, zum anderen die Möglichkeit einer zu frühen Trächtigkeit der Lämmer – und damit verbunden Geburten zu Beginn des Winters statt gegen Ende, was unter anderem einen erhöhten Futterverbrauch zur Folge hätte. Spätestens jetzt muss sich der Hobbyhalter entscheiden, was er mit den Bocklämmern machen will: Schlachten oder als Decktiere verkaufen? Die dritte Option, kastrieren und behalten, wird kaum angewendet.

Redlef Volquardsen: *»Eine Kastration ist immer sehr schmerzhaft. Wir vermeiden sie, indem wir unsere Bocklämmer bis zum Schlachttermin im Herbst auf Weiden bringen, die von den Schafen weit entfernt sind. Die Tiere sind zwar insgesamt unruhiger und wachsen auch nicht so schnell, aber wir finden es besser so. Wer sich jedoch für eine Kastration entscheidet, sollte sie unter Narkose von einem Tierarzt machen lassen.«*

Welcher Deckbock ist der richtige?

Den Sommer über finden überall in Deutschland zahlreiche Schafauktionen statt. Auf denen werden unter anderem gekörte Böcke versteigert, Tiere also, denen bescheinigt wurde, dass sie den von den Verbänden festgelegten Zuchtstandards der jeweiligen Rasse entsprechen. Bewertet werden dabei vor allem Wolle, Bemuskelung sowie die äußere Gesamterscheinung mit Noten von Null bis Neun. Null ist dabei der schlechteste Wert, Neun der beste. Für eine Körung muss ein Bock in allen Bereichen mindestens die Note Sechs bekommen haben.

Noch bis vor einigen Jahren durfte ausschließlich mit gekörten Böcken gezüchtet werden. Das gilt heute nur noch für die Herdbuchzucht. Doch auch die Böcke von Gebrauchszüchtern sollten die typischen Merkmale ihrer Rasse aufweisen, darüber

Schlachten oder verkaufen? Diese Frage muss sich jeder Halter von Lammböcken stellen. Denn für eine Körung kommen nur die besten Tiere eines Jahrgangs infrage.

Wer seine jungen Böcke weder zur Zucht verwenden kann noch kastrieren will, lässt sie bis zum Schlachttermin zusammen weiden – fernab von den weiblichen Tieren.

Deckböcke lassen sich im Sommer auf zahlreichen Auktionen ersteigern. Gekörte Tiere sind dabei deutlich teurer als Gebrauchsschafe.

hinaus natürlich gesund sein, kräftig und gut gewachsen, außerdem friedfertig und selbstverständlich mit der eigenen Linie nicht verwandt.

Leihen, Tauschen, Kaufen?

Ein ausgewachsener Schafbock kann etwa 40 bis 50 Mutterschafe decken, für eine kleine Zucht ist der Kauf eines solchen Tieres allein aus wirtschaftlichen Gründen nicht unbedingt zu empfehlen. Zumal der Bock im darauffolgenden Jahr wiederum nur die Altschafe decken dürfte, da mit den Lämmern sonst Inzucht entstünde. So scheint auf den ersten Blick alles dafür zu sprechen, sich einen Bock mit anderen Hobbyhaltern zu teilen oder von denen auszuleihen. Zumindest theoretisch. Praktisch spricht jedoch alles dagegen. Zu groß ist die Gefahr, dass dieses Tier Krankheiten auf die eigene Herde überträgt. Denn da jeder den Bock ungefähr zur gleichen Zeit benötigt, ist die Einhaltung einer vierwöchigen Quarantäne unmöglich. Und ob alle Mutterschafe innerhalb der zur Verfügung stehenden Frist auch tatsächlich trächtig werden, ist ebenfalls unsicher.

Eine mögliche Alternative wäre deshalb eine sogenannte saisonale Bockhaltung. Sprich: Man kauft oder tauscht einen kräftigen, früh geborenen Lammbock, den man lediglich für eine einzige Deckperiode einsetzt und anschließend entweder verkauft (was aufgrund potenziell übertragbarer Krankheiten allerdings nicht unproblematisch ist) oder schlachtet. Das hätte zudem den Vorteil, dass man ihm weder eine Extra-Bucht im Stall abtrennen müsste noch dass er den Winter über durchzufüttern wäre.

Redlef Volquardsen: *»Da mit jedem Tierzukauf das Risiko besteht, sich neue Krankheiten in den Stall zu holen, sollten immer nur Lammböcke zur Zucht verwendet werden. So sind Infektionen ausgeschlossen wie beispielsweise der Chlamydienabort; das ist eine hochinfektiöse und meldepflichtige Viruserkrankung.«*

Jedes neue Tier ist ein Gesundheitsrisiko für die Herde. Deswegen züchten Monika Volquardsen und ihr Mann Redlef nur mit Lammböcken, die noch nicht gedeckt haben.

Bevor sich der Sommer dem Ende entgegen neigt, steht das Heumachen an.

Auswahl der Nachzucht

Wer mit seinen weiblichen Tieren züchten möchte, tut dies entweder als sogenannter Herdbuchzüchter nach festgelegten Rassezielen der jeweiligen Landesschafzuchtverbände. Oder er sucht wie die meisten Halter als sogenannter Gebrauchszüchter aus seiner Nachzucht die Tiere aus, die seiner Überzeugung nach über die für seine Zwecke besten Eigenschaften verfügen.

Kriterien dieser Positivauslese können beispielsweise sein, dass die ausgewählten Lämmer vom ersten Tag an gesund und vital sind, dass sie gut fressen und über einen wohl proportionierten Körperbau verfügen. Einfluss sollten darüber hinaus die Eigenschaften ihrer Mütter haben und – soweit man das weiß – auch die ihrer Großmütter: Haben sie leicht gelammt? Waren sie fürsorglich und um ihren Nachwuchs besorgt? Wie empfindlich reagierten sie auf Würmer? Gab es Probleme mit Moderhinke? Extrem nützlich ist ein für diesen Zweck gesondert angelegtes Stallbuch, in dem alle spezifischen Merkmale der einzelnen Tiere notiert werden.

Erfreulicher Nebeneffekt der eigenen Aufzucht: Die selbst gezogenen Tiere sind an die Situation vor Ort bestens angepasst – egal, ob es die Keime betrifft, das Futter oder die Haltungsbedingungen als solche. Infolgedessen sind diese Schafe auch seltener krank. Kostengünstiger als ein Zukauf ist diese Form der Vergrößerung beziehungsweise qualitativen Verbesserung der Herde ohnehin. Und die nicht für die eigene Zucht ausgewählten weiblichen Lämmer lassen sich in der Regel noch gut verkaufen.

Redlef Volquardsen: *»Unsere Schafe sollen über eine gute Konstitution verfügen und mit den gegebenen Bedingungen zurechtkommen. Das gilt auch für eine gewisse Belastung durch Würmer. Die müssen sie aushalten, ohne sofort Durchfall zu bekommen. Für uns als Milchbauern sind darüber hinaus die Gesundheit und Form der Euter wichtig, außerdem natürlich die Milchleistung der Mütter.«*

In Rundballen lässt sich Heu platzsparend aufbewahren. Ob sie sich auch für Hobbyhalter eignen, hängt von ihrem Platz in Scheune oder Stall ab.

Heu und Stroh: Vorratshaltung für den Winter

Sommerzeit ist Erntezeit – und damit der richtige Zeitpunkt, sich um den Vorrat für den Winter zu kümmern. Denn dann übernimmt das Heu die Funktion des Weidegrases.

Entsprechend wichtig ist dieses Futter für die Schafe. Es sollte frisch und aromatisch duften, eine grünliche Farbe besitzen und im Idealfall vom zweiten Schnitt, dem Grummet, stammen. Ist es dagegen hart und stängelig, wurde es zu spät geschnitten. Wirkt es eher bräunlich, hat es zu viel Regen abbekommen, wodurch wichtige Nährstoffe ausgewaschen wurden. Die Qualität ist infolgedessen schlecht, und Kraftfutter muss vermehrt zugefüttert werden. Auch das Stroh, verwendet als Einstreu, sollte frisch, goldgelb und nicht staubig sein. Und beides sollte gut belüftet und trocken gelagert werden.

Wolle verarbeiten

Wer Schafe hat, hat auch Wolle – und zahlreiche Möglichkeiten, sie zu verarbeiten. Die eine ist, alles selbst zu machen: vom Waschen und Kardieren, also dem Kämmen der Rohfasern, über das Spinnen und Färben bis hin zum Stricken, Häkeln, Weben oder auch Filzen.

Der Wert der Wolle hängt von der Dicke des Haares ab – je feiner, desto höher der Preis.

Die zweite Möglichkeit ist, diese Arbeiten anderen in Teilen oder sogar ganz zu übertragen. Sprich: Man gibt das Vlies an eine Spinnerei und bekommt von ihr die Rohwolle als Garn zur weiteren Verwendung zurück. Oder man lässt gleich Schurwolldecken oder Teppiche nach den eigenen Vorstellungen produzieren (Adressen siehe Anhang).

Die Qualität der Wolle

Alternativ kann man die Rohwolle auch als Dünger für den eigenen Garten oder Acker, ja sogar zur Dämmung von Häusern nutzen. Und verkaufen lassen sich die Wollvliese natürlich auch; allerdings gibt es dafür selten mehr als einen Euro pro Kilo. Der Preis hängt unter anderem von der Qualität ab und die wiederum im Wesentlichen von der Schafrasse. Grundsätzlich gilt: Je feiner das Haar, desto hochwertiger.

Gemessen wird die Feinheit der Haare in Mikrometer (µm). Dabei entspricht 1 µm einem tausendstel Millimeter. Besonders fein und weich ist die Wolle der Merinoschafe, vor allem das Vlies ihrer Lämmer. Entsprechend variiert der Durchmesser des einzelnen Haares zwischen 23 und 29 µm (zum Vergleich: die Haare der Kaschmirziege sind mit 12 bis 19 µm nur etwa halb so dünn).

Aus der zu Garn versponnenen Wolle der Merinoschafe lassen sich Pullover und Strümpfe stricken. Etwas gröber fallen mit etwa 32 µm dagegen beispielsweise die Haare des Coburger Fuchsschafes sowie des Ostfriesischen Milchschafes aus. Ihre Wollen eignen sich beispielsweise für etwas rustikalere Strickjacken. Das Vlies der Scottish Blackface, mit 40 µm am dicksten, lässt sich vor allem zum Weben von Teppichen verwenden.

Vorbereitung der Wolle

Doch egal, ob man seine Rohwolle selbst verarbeiten möchte oder verarbeiten lassen will: Zunächst müssen Stroh, Kot und anderer Schmutz aus dem Vlies entfernt werden, falls

Wer Schafe hat, hat auch Wolle. Für die Vliese gibt es zahlreiche Verwendungsmöglichkeiten – vom Verkaufen über das Selbstverarbeiten bis zum Verarbeitenlassen.

Wer seine Wolle verarbeiten will, muss sie zuvor mit Neutralseife und Apfelessig reinigen und entfetten.

das nicht schon direkt nach der Schur geschehen ist. Außerdem muss auch die Wolle von Beinen, Nacken und Bauch aussortiert werden, denn diese Partien sind oft bis zur Unbrauchbarkeit verfilzt oder ohnehin von schlechter Qualität.

So vorbereitet kann die Wolle gewaschen werden. Dazu wird auf höchstens 50 Grad erwärmtes Wasser in eine Wanne gefüllt und die Rohwolle darin für mindestens zwei Stunden eingeweicht. Will man sie später färben, muss Wollwaschmittel oder Neutralseife hinzugefügt werden; das entfettet sie. Anschließend nimmt man die Wolle vorsichtig und ohne zu drücken raus und gibt sie für zwei Stunden in eine zweite, mit handwarmem Wasser sowie einem Liter Essig gefüllte Wanne. Danach kann die Wolle in einem Bettbezug in der Waschmaschine geschleudert werden. Ausgebreitet an einem luftigen und schattigen Ort, beispielsweise in einer Hängematte oder einem Vorhang, kann sie draußen trocknen.

Kardieren und Spinnen

Im nächsten Schritt kann die Wolle kardiert werden. Dabei werden die Fasern mithilfe von bürstenähnlichen Handkarden oder einer Trommelkarde in eine Richtung gekämmt. Auf diese Weise entstehen luftig weiche Vliese, die beispielsweise für Kissen oder Steppdecken oder auch zum Filzen genutzt werden können.

Einigen dient das Kardieren auch als Vorbereitung zum Spinnen. Dabei werden die einzelnen Fasern so verdreht, dass daraus ein endloser Wollfaden entsteht. Mit diesem Garn lassen sich Pullover und Jacken stricken, Mützen häkeln oder Decken, Kissen und Teppiche weben.

Auch der Wolle von Fellen tut es gut, regelmäßig gebürstet zu werden. Dann bleibt das Vlies nämlich wunderbar weich.

Zwei Taschen, groß und klein

Natürlich kann man Handtaschen auch einfach kaufen. Aber diese beiden zu häkeln, macht garantiert doppelt so viel Spaß – es sind ja schließlich zwei: eine für tagsüber, eine für abends.

Abkürzungen:
FfM: Doppelter Luftmaschenanschlag
fM: Feste Masche
Lm: Luftmasche
Km: Kettmasche

Material_ **600 g Wolle (in Weiß; Lauflänge 90 m/100 g) • Häkelnadel Nr. 5–7**

Maschenprobe_ **10 M und 7 R = 10 x 10 cm**

Kleine Tasche: 15,50 cm x 24 cm x 6,50 cm; Große Tasche: 20,50 cm x 34,50 cm x 10 cm

Die Angaben in Klammern stehen für die große Tasche.

1_ 19 (27) FfM häkeln.

2_ 1. Reihe: 1 Lm, wenden, von oben 19 (27) fM in die FfM, 1 Lm, wenden und 19 (27) fM von unten in jede FfM, Km zur ersten fM der Reihe [40 (56) M gesamt].

3_ 2. Reihe: 1 Lm, im Uhrzeigersinn wenden, die Km überspringen, 3 fM in die letzte fM der vorherigen Reihe (Ecke), fM in die nächsten 17 (25) M, 3 fM in die nächste fM (Ecke), 1 fM in Lm der vorherigen Reihe, 3 fM in nächste M (Ecke), fM in die nächsten 17 (25) M, 3 fm in nächste M (Ecke), Km zur ersten fM der Reihe [48(64) M gesamt].

4_ 3. Reihe: 1 Lm, im Uhrzeigersinn wenden, Km überspringen, 1 fM, 3 fM in nächster M, fM in den nächsten 19 (27) M, 3 fM in nächster M, fM in den nächsten 3M, 3 fM in nächster M, fM in den nächsten 19 (27) M, 3 fm in nächster M, 1 fM, Km bis zur ersten fM der Reihe [56 (80) M gesamt].

5_ 4. Reihe: 1 Lm, im Uhrzeigersinn wenden, Km überspringen, 3 fM in der nächsten M, fM in den nächsten 21 (29) M, 3 fM in nächster M, fM in den nächsten 5 M, 3 fM in nächster M, fM in den nächsten 23 (31) M, 3 fM in nächster M, 3 fM, Km bis zur ersten fM der Reihe [72 (88) M gesamt].

6_ 5. Reihe: 1 Lm, im Uhrzeigersinn wenden, Km überspringen, 3 fM, 3 fM in nächste M, fM in die nächsten 23 (31) M, 3 fM in nächste M, fM in die nächsten 7 M, 3 fM in nächste M, fM in die nächsten 23 (31) M, 3 fM in nächste M, 3 fM, Km bis zur ersten fM der Reihe [72 (88) M gesamt].

Nur für die große Tasche

7_ 6. Reihe: 1 Lm, im Uhrzeigersinn wenden, Km überspringen, 4 fM, 5 fM in nächste M, fM in die nächsten 33 M, 3 fM in nächste M, fM in die nächsten 9 M, 3 fM in nächste M, fM in die nächsten 33 M, 3 fM in nächste M, 4 fM, Km bis zur ersten fM der Reihe 96.

8_ 7. Reihe: 1 Lm, im Uhrzeigersinn wenden, Km überspringen, 5 fM, 3 fM in nächste M, fM in die nächsten 35 M, 3 fM in nächste M, fM in die nächsten 11 M, 3 fM in nächste M, fM in die nächsten 35 M, 3 fM in nächste M, 5 fM, Km bis zur ersten fM der Reihe [104 M gesamt].

Für die Seiten

9_ 1 Lm, im Uhrzeigersinn wenden, Km überspringen, fM in jede M der vorherigen Reihe, Km bis zur ersten fM der Reihe [72 (104) M gesamt]. Gesamtanzahl der Seitenreihen 28 (38).

Für die Henkel

10_ 1. Reihe: 1 Lm, im Uhrzeigersinn drehen, Km überspringen, 11 (16) fM, 25 (30) FfM, überspringen 13 (19) M, 23 (33) fM, 25 (30) FfM, überspringen 13 (19) M, 11 (16) fM, Km bis zur ersten fM der Reihe [96 (126) M gesamt].

11_ 2. Reihe: 1 Lm, im Uhrzeigersinn drehen, Km überspringen, 10 (15) fM, überspringen 1 M, 25 (30) fM, 1 M überspringen, 21 (31) fM, 1 M überspringen, 25 (30) fM, 1 M überspringen, 10 (15) fM, Km bis zur ersten fM der Reihe [92 (122) M gesamt].

12_ 3. Reihe: 1 Lm, im Uhrzeigersinn drehen, Km überspringen, 9 (14) fM, 1 M überspringen, 25 (30) fM, 1 M überspringen, 19 (29) fM, 1 M überspringen, 25 (30) fM, 1 M überspringen, 9 (14) fM, Km bis zur ersten fM der Reihe [88 (118) M gesamt].

13_ 4. Reihe: 1 Lm, im Uhrzeigersinn drehen, Km überspringen, 8 (13) fM, überspringe 1 M, 25 (30) fM, 1 M überspringen, 17 (27) fM, 1 M überspringen, 25 (30) fM, 1 M überspringen, 8 (13) fM, Km bis zur ersten fM der Reihe [84 (114) M gesamt].

14_ 5. Reihe: 1 Lm, im Uhrzeigersinn drehen, Km überspringen, 7 (12) fM, überspringen 1 M, 25 (30) fM, 1 M überspringen, 15 (25) fM, 1 M überspringen, 25 (30) fM, 1 M überspringen, 7 (12) fM, Km bis zur ersten fM der Reihe [80 (110) M gesamt].

15_ 6. Reihe: 1 Lm, im Uhrzeigersinn drehen, Km überspringen, 6 (11) fM, überspringen 1 M, 25 (30) fM, 1 M überspringen, 13 (23) fM, 1 M überspringen, 25 (30) fM, 1 M überspringen, 6 (11) fM, Km bis zur ersten fM der Reihe [76 (106) M gesamt].

Mütze und Schal

Wenn sich mit den ersten kühlen Sommernächten der Herbst ankündigt, ist es höchste Zeit, nach hübscher Wolle zu greifen und sich an diese Häkel-/Strickkombination zu machen. Die hält nämlich nicht nur Hals und Ohren wohlig warm, sondern rettet mit ihrer leuchtenden Farbe sogar noch ein bisschen vom Sommer in die dunkle Jahreszeit.

Mütze

Material_ **100 g Schurwolle (in Pink; Lauflänge 40 m/50 g) • Häkelnadel Nr. 10**

Maschenprobe_ **7 M und 9 R = 10 x 10 cm**

1_ 4 Lm anschlagen und mit einer Km zum Kreis schließen. In den Ring 11 halbe Stäbchen häkeln. In der nächsten Runde wird jede Masche verdoppelt; in der folgenden jede 3. Masche. Anschließend wird jede 9. Masche verdoppelt. Nun werden noch 8 Runden weitergehäkelt.

2_ Zum Schluss die Mütze wenden und zur Fertigstellung die letzte Runde mit festen Maschen umhäkeln.

Schal

Material_ **300 g Schurwolle (in Pink; Lauflänge 40 m/50 g) • Stricknadel Nr. 12**

Maschenprobe_ **9 M und 11 R = 10 x 10 cm**

Etwa 21 Maschen anschlagen. Die erste Reihe im Rippenmuster (2 Maschen rechts, 1 Masche links im Wechsel) stricken, danach so, wie die Maschen erscheinen. Nach etwa 200 cm die Maschen locker abketten.

Gehäkelter Korb

Dieser Korb ist ein wahres Multitalent: In der Küche eignet er sich bestens für Obst, auf dem Esstisch passt er perfekt für Brot, im Bad ist er ideal für allerlei Make-up-Utensilien – und im Flur als Sammelstelle für Handy, Schlüssel, Lippenstifte. Und was vielleicht auch nicht völlig unwichtig ist: Er sieht auch noch gut aus.

Material_ **400g Schurwolle (in Orange; Lauflänge 150 m/100 g) • Häkelnadel Nr. 4–5,5**

Circa 30 cm Durchmesser und 10 cm hoch.

Grundmuster: Nach der Häkelschrift in Runden Reliefstäbchen und Stäbchen häkeln. Die Reliefstäbchen stets von vorn um den Stäbchenhals der Vor-Runde stechen, die Stäbchen stets zwischen die Stäbchen der Vor-Runde häkeln.

Maschenprobe_ 13 Stäbchen und 9 Runden = 10 x 10 cm

1_ Nach der Häkelschrift arbeiten.

2_ 1. Runde: In einen Fadenring 3 Lm und 11 Stäbchen häkeln = 12 M. Die Runde mit 1 Km schließen. Den Rundenbeginn markieren, z. B. mit einem andersfarbigen Faden oder einer Büroklammer.

3_ Ab der 5. Runde ist nur noch der 1. Rapport und der letzte Rapport mit dem Rundenübergang gezeichnet. Dazwischen den Rapport 10 x häkeln. 1 x die 1.–12. Runde häkeln, dann für die gewünschte Länge = Korbhöhe die 11. und 12. Runde stets wiederholen. Nach circa 8 Runden als Abschluss 1 Runde Km häkeln.

4_ Im Anschluss für den ersten Henkel 4 fM von vorn und 4 fM hinten häkeln und über diese 8 M in Runden fM häkeln. Nach circa 14 cm Länge den Träger auf der anderen Seite festhäkeln, indem man feste Maschen durch die letzte Reihe des Henkels und die oberste Reihe des Korbs häkelt. Den zweiten Henkel genau gegenüber genauso abarbeiten.

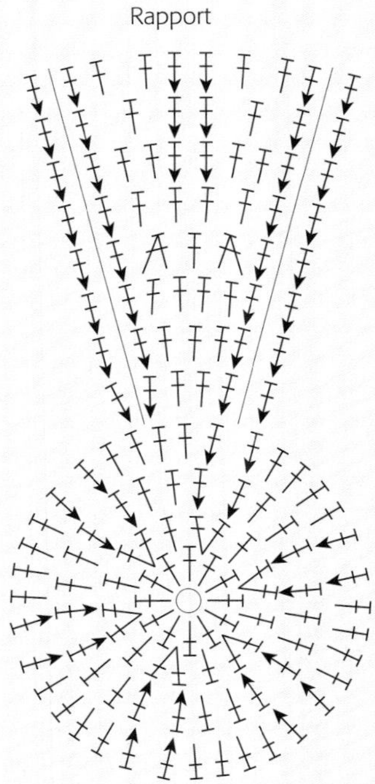

Häkelzeichen

= Stäbchen

= 2 zusammen abgemaschte Stäbchen

= Reliefstäbchen

Herbst

Die Tage werden kürzer, und die Decksaison kann beginnen – natürlich nur, falls man Nachwuchs haben möchte. Dann lässt man einen Bock mit den Schafen auf der Weide. Verführt von ihrem Duft nähert er sich ihnen. Und gut 145 Tage später gibt es die ersten Lämmer.

Nachwuchs züchten

Für die meisten Schafhalter gibt es wenig Befriedigenderes, als die Geburt und das Aufwachsen der eigenen Nachzucht zu erleben. Und weil diese sich besonders gut entwickelt, wenn sie so früh und so lange wie möglich draußen frisches Gras fressen kann, liegt die Ablammung idealerweise kurz vor Beginn der Weidesaison.

Nicht nur Böcke kämpfen, auch Mutterschafe handeln ihren Rang aus.

Bei einer Trächtigkeit von 145 bis 155 Tagen bedeutet dies, dass die Mutterschafe im Oktober gedeckt werden müssen. Nur milchverarbeitende Höfe ziehen diesen Termin um etwa zwei Monate vor, um möglichst lange melken zu können. Schäfer, deren Herde zur Landschaftspflege eingesetzt werden, zögern dagegen diesen Zeitpunkt um circa einen Monat hinaus.

Ohnehin ist der Herbst für alle Rassen mit sogenannter saisonaler Brunst – und das sind die meisten Fleisch-, Landschaf- und Milchschafrassen – die Hauptjahreszeit, in der sie trächtig werden können. Bei allen übrigen Rassen – sprich: Merinos und Bergschafe –, die das ganze Jahr über gedeckt werden und ablammen können, ist das Beistellen eines Bocks innerhalb dieses Zeitrahmens natürlich auch möglich.

Grundsätzlich kann der Bock das ganze Jahr über bei der Herde gelassen werden – allerdings mit der Folge, dass dann auch das ganze Jahr über Lämmer geboren werden.

Brunst

Ausgelöst wird die Brunst überwiegend durch die verkürzte Tageslichtdauer, aber auch durch das sich verändernde Futter im Spätsommer. Von da an bis Ende November werden Schafe alle 17 Tage für 12 bis 36 Stunden brünstig. Allerdings ist es nicht ganz einfach zu erkennen, wann es tatsächlich so weit ist. Vage Anzeichen sind ein unruhiges Verhalten, Hin- und Herwedeln mit dem Schwanz sowie häufiges Blöken und urinieren.

Gedeckt werden können Jungschafe, wenn sie etwa Dreiviertel des Gewichts von ausgewachsenen Tieren ihrer Rasse erreicht haben. Sind die Schafe bereit, lassen sie sich mehrmals innerhalb kürzester Zeit bespringen; bis zu sechs von ihnen kann ein Bock pro Tag decken.

Wer kaum Zeit hat, seine Tiere in der Brunstsaison zu beobachten, kann seinem Bock ein Deckgeschirr mit einem Farbkissen vor die

Im Herbst, wenn die Tage kürzer werden, setzt bei Schafen die saisonale Brunst ein – alle 17 Tage für 12 bis 36 Stunden.

Der ranghöchste Schafbock hat freie (Damen-)Wahl.

Brust schnallen. Bespringt er ein Schaf, weist dies einen Farbabdruck auf seinem Rücken auf. Am besten notiert man sich dieses Datum, um zu berechnen, wann die Ablammung vermutlich stattfinden wird. Zeigen sich allerdings 17 Tage später erneut Anzeichen einer Brunst, ist das Schaf nicht trächtig – man spricht dann von Umbocken. Ist dies bei mehreren Tieren der Fall, sollte ein Tierarzt Schafe und Bock untersuchen. Außer mangelnder Fruchtbarkeit können nämlich auch Stress, ausgelöst beispielsweise durch Klauenschneiden oder Impfung, sowie eine unausgewogene Mineralstoffversorgung die Ursache dafür sein.

Auch wenn Jungböcke vor ihrer ersten Decksaison freundlich oder gar anhänglich waren – ihr Charakter kann sich in dieser Zeit in sein Gegenteil verkehren: Sie werden mögli-

Das Deckgeschirr mit Farbkissen hilft zu überprüfen, welches Schaf bereits gedeckt wurde – der Erfolg zeigt sich 17 Tage später.

cherweise bösartig und sind dann nicht nur für Kinder gefährlich. Ohnehin ist zu beachten, dass kein Kind, das nicht mindestens einen Kopf größer als das größte Tier der Herde ist, unbeaufsichtigt einen Stall betreten darf. Und: Wer Kinder hat, sollte nach Möglichkeit keinen Bock halten; tut man es doch, muss unbedingt dafür gesorgt werden, dass die beiden nie allein miteinander sind. Der Kopfstoß eines 120-Kilo-Tieres ist schon für einen Erwachsenen äußerst schmerzhaft, für einen kleinen Menschen um ein Vielfaches mehr – und wirklich lebensbedrohlich kann es werden, wenn ein solcher Bock spitze Hörner hat.

Monika Volquardsen: *»Einen Bock darf man niemals aus den Augen lassen. Aggressive Böcke sollte man aussortieren, da sich ihr schlechter Charakter vererben kann.«*

Enno, der junge Deckbock

Er ist erst eineinhalb – und doch schon eine Art Führungspersönlichkeit auf dem Tetenbüller Schafhof. Wäre er ein Mensch, er wäre einer dieser Raue-Schale-weicher-Kern-Typen. Einer wie Bond-Darsteller Daniel Craig oder wie Bruce Willis. Cool eben. Selbstbewusst. Dominant. Und doch auch liebesbedürftig. Sehr sogar.

Seit zwei Minuten streicht ihm Redlef Volquardsen auf der Weide über seine dicht bewollte Hinterhand. Und Enno? Steht ganz still da, unbewegt, geradezu statuenhaft.

Doch dann, als sich ein anderer Bock einem etwas entfernt stehenden brünstigen Schaf nähert, erwacht Enno jäh aus seiner Starre. Galoppiert zu den beiden. Stößt den Konkurrenten mit der Stirn weg. Bespringt das Schaf. Und kehrt eine halbe Minute später ruhig und friedlich zu Volquardsen zurück. Stellt sich ganz dicht an ihn heran, steht so still wie zuvor: Er will nämlich weiter gestreichelt werden.

Anfang August hatte Monika Volquardsen den Anderthalbjährigen zusammen mit zwei weiteren Böcken auf einer Auktion gekauft. Zwei Tage lang wurden diese zusammen mit dem Altbock vom Hof in einem engen Pferch gehalten, »so lange eben, bis sie miteinander auskamen und ihre Rangordnung geklärt hatten, ohne sich dabei allzu sehr zu verletzen«, erzählt Redlef Volquardsen, während er Enno hinter den Ohren krault. So wie er sich verhält, ist der schwarzbraune Bock als Sieger hervorgegangen; was bedeutet: Er wird die meisten Schafe decken. Da er einen hohen Zuchtwert hat – seine Mutter und Großmütter gaben viel Milch und hatten gute Euter –, würde das den Volquardsens gut gefallen. Vorausgesetzt natürlich, er vererbt diese positiven Eigenschaften auch an seine Nachkommen.

»Wenn uns seine Lämmer zusagen, darf er vier Jahre bleiben«, sagt Volquardsen. Er hofft darauf, und auch, dass Enno seinen friedlich-freundlichen Charakter behält. Er gefällt dem Schäferpaar nämlich ausnehmend gut. Deshalb haben sie ihn auch nach einem ihrer Lieblingsprofessoren an der Uni in Witzenhausen benannt.

Und wer weiß, vielleicht wird Enno ja ein zweiter Carlos, das war einer ihrer ersten Zuchtböcke. Ein ganz besonderes Tier. »Der stand bei uns am Lagerfeuer und hat Stockbrot gefressen.«

Enno ist vor seiner ersten Decksaison umgänglich und friedlich. Die Volquardsens hoffen, dass das auch danach so bleibt und er seine guten Eigenschaften an zahlreiche Nachkommen vererbt.

Gleich zwei Schafe konnte Klara ihrem Vater abspenstig machen. Schneeweißchen und Rosenblüte heißen sie, zumindest im Moment.

Kinder und Schafe: ein gutes Team

Prinzipiell passen Schafe und Kinder wunderbar zusammen: Kinder lieben es, die Tiere zu streicheln – und diese lieben es, gestreichelt zu werden.

Eine Ausnahme gibt es allerdings: die Stirn. Denn damit stoßen Schafe, um die Rangordnung untereinander festzulegen. Stattdessen mögen sie es besonders gern, wenn man ihnen den Nacken krault, die Stellen direkt hinter den Ohren und natürlich Rücken und Flanken.

Die meisten Kinder begeistern sich für Schafe – und ganz besonders für Lämmer, schließlich sind die ähnlich verspielt wie sie selbst. Doch das ist nicht ganz unproblematisch. Denn so niedlich die wolligen Schäfchen auch sind: Sie sind keine Stofftiere, die ständig gestreichelt oder herumgetragen werden wollen, sondern sind Lebewesen mit eigenen Bedürfnissen und dem Anrecht auf eine artgerecht Behandlung. Wenn Erwachsene das erklären und durch ihr Verhalten entsprechend vorleben, übernehmen Kinder diese Einstellung. Sie lernen, dass auch Schafe Schmerzen haben können. Und sie lernen, dass die Tiere auf die Fürsorge der Menschen angewiesen sind.

Sind die Kinder sechs, sieben Jahre oder älter, sind sie im Allgemeinen reif genug, um kleinere Aufgaben zu übernehmen wie beispielsweise Futter ausgeben oder Lämmer mit der Flasche füttern. Dadurch wächst nicht nur ihr Selbstbewusstsein, sondern auch ihr Verantwortungsgefühl gegenüber den Tieren – und eine enge Verbindung entsteht. Entsprechend wichtig ist es, ihnen zu erklären, dass es manchmal notwendig sein kann, Tiere einzuschläfern, um ihnen Qualen zum Beispiel durch eine unheilbare Krankheit zu ersparen, oder dass sie geschlachtet werden müssen, weil ihr Fleisch für viele Menschen ein wichtiger Bestandteil ihrer Ernährung ist.

Auch beim Schlachten selbst dürfen und sollen Kinder dabei sein – wenn sie es denn möchten und wenn ihnen die Vorgänge ausführlich erläutert werden. Denn erst durch diese Erfahrung können sie den Zusammenhang zwischen dem lebenden Tier auf dem Hof und dem Fleisch auf ihrem Teller herstellen.

Monika Volquardsen: *»Klara fährt oft mit, wenn wir Schafe zum Schlachter bringen. Ihre eigenen Schafe aber werden wohl das Gnadenbrot bekommen.«*

Klara kennt Helma fast ihr ganzes Leben lang, genauer: Seit sie mit drei Tagen auf ihrem Rücken lag.

Abschied nehmen

Zum Schlachter fahren vermutlich die wenigsten Halter ihre Tiere gerne. Und wem ihr Wohlbefinden zu Lebzeiten wichtig war, der wird sich mit demselben Engagement und derselben Aufmerksamkeit um ihr Ende kümmern.

Welche Schlachtmethode ist die richtige?

Für die Tiere wäre es vermutlich am stressfreiesten, wenn sie ohne Transportwege auf dem heimischen Hof in Sichtweite der Herde von einer vertrauten Person, also dem Halter, getötet würden. Die Berechtigung dafür, den sogenannten Sachkundenachweis, gibt es nach einem entsprechenden Kurs: In ihm wird das tiergerechte Betäuben und Töten gelehrt. Und auch dann, wenn man diese Kenntnisse eigentlich nie selbst anwenden möchte, kann es notwendig sein, zu wissen, wie man ein schwer krankes oder verletztes Tier von seinen Leiden erlöst.

Monika Volquardsen: *»Wenn uns ein Schaf über die Jahre sehr ans Herz gewachsen ist, fällt es uns auch nicht leicht, zu entscheiden, ob es noch Freude am Leben hat oder nur noch leidet. Schafe sind zäh und sterben nur langsam. Da kann der Tod durch Einschläfern eine gute Lösung sein, um dem Tier unnötiges Leid zu ersparen. Unter Umständen ist dies auch im Interesse der anderen Tiere: Denn bei älteren Schafen können aufgrund ihrer schlechteren Konstitution Krankheiten ausbrechen, mit denen sich dann eventuell auch die jungen und gesunden anstecken.«*

Hausschlachtung?

Hausschlachtungen sind auch dann möglich, wenn man sie nicht selbst ausführen will. Doch so oder so: Sie sind ziemlich aufwendig und selten praktikabel. Denn das Fleisch muss grundsätzlich von einem Tierarzt untersucht werden. Und Tiere, die 18 Monate oder älter sind, werden stichprobenartig auf Scrapie getestet, denn die übertragbare Tierseuche ist meldepflichtig.

Außerdem ist es nicht so einfach, einen Metzger aus der näheren Umgebung zu finden, der Hausschlachtungen überhaupt noch macht. Hinzu kommt, dass alle nicht verwendbaren Teile wie zum Beispiel Organe von der Tierkörperbeseitigung kostenpflichtig abgeholt werden müssen. Manchmal jedoch erklärt sich jemand bereit, vor Ort zu schlachten, das Fleisch aber anschließend in seinem

Schlachten, einschläfern oder Gnadenbrot? Die Entscheidung über die Zukunft der eigenen Tiere fällt oft schwer.

Um die Schafe zum Schlachter zu fahren, bedarf es eines ausbruchssicheren Anhängers. Denn beim Transport dürfen die Tiere nie angebunden werden.

Betrieb weiterzuverarbeiten. Wichtig: Das Fleisch selbst darf nur im eigenen Haushalt gegessen werden.

Schlachthof

Wesentlich unkomplizierter ist es deshalb, seine Tiere in einer Schlachterei verarbeiten zu lassen. Die sollte nach Möglichkeit nicht allzu weit entfernt sein. Für Ökobetriebe gilt ohnehin eine maximale Distanz von 200 Kilometern und eine Fahrtzeit von höchstens vier Stunden.

Bevor man sich jedoch für einen Betrieb entscheidet, ist es wichtig, sich den Umgang mit den Tieren dort anzuschauen. Können sich die Schafe gemeinsam nach dem Transport in einem eingestreuten Stall ausruhen? Geht es ruhig und stressfrei zu? Geschieht die Tötung außer Sichtweite der anderen Tiere? Geht der Metzger respektvoll mit ihnen um? Arbeitet er sicher und schnell? Falls sich alle Frage mit Ja beantworten lassen, sind die Schafe bei ihm gut aufgehoben.

Redlef Volquardsen: *»Für uns ist es wichtig, die Tiere selbst zum Schlachten zu fahren und so ein Stück zu begleiten. Das nimmt ihnen den Stress, da sie uns und den Viehanhänger kennen und vertrauen. Während des Transports sollte man weder ruckartig anfahren noch stark bremsen, da sich die Tiere sonst verletzen könnten. Außerdem sind sie dann weniger aufgeregt.«*

Auch auf dem letzten Weg sollten die Tiere mit Respekt behandelt werden. Es ist deshalb wichtig, sich Zeit zu nehmen, um einen geeigneten Schlachter zu finden.

Je nach Verwendungszweck sollte man die Schaffelle professionell bearbeiten lassen, um sich später noch lange an ihnen zu erfreuen.

Felle gerben

Der Metzger schlachtet nicht nur die Schafe, sondern zerlegt das Fleisch nach dem Abhängen im Kühlhaus auch auf Wunsch und verpackt die Stücke anschließend luftdicht für ihre optimale Lagerung im Kühlschrank oder in der Gefriertruhe.

Bei Bedarf bereitet er die Felle außerdem auf ihre Gerbung vor. Das heißt, er lässt sie etwa eine Stunde lang mit der Haarseite nach außen abtrocknen und reibt sie dann mit reichlich Speisesalz ein. Auf der Innenseite zusammengelegt, können sie so in einem kühlen, trockenen Raum etwa vier Monate lang aufbewahrt werden. Nur wenige Schafhalter gerben ihre Felle selbst. In der Regel werden sie direkt zu einer Gerberei gebracht oder in Plastik verpackt per Post dorthin geschickt (Adressen im Anhang).

Das Gerben selbst erfolgt nach unterschiedlichen Verfahren, je nachdem welche Zusätze verwendet werden. Für welche Behandlung man sich entscheidet, hängt letztlich von dem Verwendungszweck ab. Werden nur natürliche Stoffe wie Alaun oder – für die Umwelt besonders schonend – pflanzliche Extrakte verwendet, hat das allerdings Nachteile bei der Haltbarkeit oder Waschbarkeit. Diese Felle dienen vor allem dekorativen Zwecken und werden unter anderem als Bettvorleger genutzt. Eine andere Methoden arbeitet mit synthetischen Zusätzen. Dieses Verfahren – auch medizinische Gerbung genannt – kombiniert Haltbarkeit mit Waschbarkeit, färbt die Felle gelb und wird hauptsächlich bei Fellen angewendet, die zum Beispiel als wärmende Unterlage für den Kinderwagen oder auf dem Sofa genutzt werden.

Redlef Volquardsen: »Wir persönlich lehnen das Gerben zu waschbaren Fellen ab, da dabei für die Umwelt giftige Substanzen verwendet werden. Außerdem ist es eigentlich nicht nötig, ein Fell zu waschen. Die Wollfaser nimmt im Gegensatz zu Baumwolle weder Feuchtigkeit noch Schmutz auf. Regelmäßiges Ausschütteln reicht aus, um viele Jahre Freude an dem Schaffell zu haben.«

Kinder lieben es, auf einem Schaffell zu liegen, vor allem wenn diese so dicht und weich sind. Erwachsene übrigens auch.

Sauerkrautlasagne mit Schafskäse für 6 Personen

Diese Lasagne ist Schicht für Schicht das reine Glück. Dafür braucht es allerdings etwas Zeit und natürlich gute Zutaten. Belohnt wird man dafür mit einer originellen bodenständigen, norddeutschen Variante des italienischen Klassikers. »Ledj et jam smouge« – das bedeutet »Guten Appetit« auf Friesisch.

Zutaten_ **1 Zwiebel • 1 Knoblauchzehe • 2 EL Öl • 500 g Lammhack (für die vegetarische Variante: weglassen) • 700 ml passierte Tomaten (für die vegetarische Variante: Menge auf 800 ml erhöhen) • 1 Lorbeerblatt • evtl. 1 TL Stärke • 150 g Friesaki (Schafskäse nach Feta-Art), grob gewürfelt • 50 ml Sahne • 1 Dose Sauerkraut (314 g Einwaage); (für vegetarische Variante: 1,5 Dosen à 314 g Einwaage) • 2 Äpfel, gerieben (für vegetarische Variante: 3 Äpfel) • 300 g Schaffrischkäse oder Schmand (für vegetarische Variante: 400 g) • Salz • Pfeffer • Zucker • 18 Lasagneplatten • 150–200 g Tetenbüller (Schafsschnittkäse)**

1_ Zwiebel fein würfeln und in Öl anbraten; optional Lammhack zugeben und krümelig anbraten, den fein geschnittenen Knoblauch zugeben.

2_ Mit passierten Tomaten aufgießen, Lorbeerblatt zugeben, mit Salz, Pfeffer und Zucker abschmecken, Sahne zugeben und 5 Minuten offen köcheln lassen.

3_ Anschließend 150 g Friesaki grob würfeln und unterrühren.

4_ Während die Soße köchelt, das Sauerkraut grob schneiden, mit Schmand und geriebenen Äpfeln (Schale mitverwenden) mischen, mit Salz, Pfeffer und Zucker abschmecken.

5_ Auflaufform fetten und mit einer Lage Lasagneblätter auslegen. Abwechselnd Tomaten(hack)masse, eine Lage Lasagneblätter und anschließend die Sauerkrautschmandmasse schichten. Auf die oberste Schicht Lasagneblätter kommt zum Schluss die Sauerkrautschmandmasse. Mit geriebenem Tetenbüller Schafsschnittkäse bestreuen.

6_ Bei 180 °C (Ober-/Unterhitze) bzw. bei 160 °C (Heißluft) im vorgeheizten Backofen 45 Minuten backen.

Lammhaxen mit Kartoffeln für 4 Personen

Bei Schmorgerichten wie diesem muss man Geduld haben. Viel Geduld sogar. Denn je länger und sanfter das Fleisch zusammen mit dem Rotwein und den Gewürzen garen darf, desto aromatischer wird es anschließend schmecken. Und dabei wunderbar mürbe sein. Versprochen!

Zutaten_ **4 Lammhaxen à 400 g • 1 Bd. Suppengemüse (¼ Knolle Sellerie, 2 Möhren, 1 Stange Lauch) • 1 große Gemüsezwiebel • 1–3 Knoblauchzehen • 2–4 Nelkenpfefferkörner • 2 EL Tomatenmark • 250–500 ml Rotwein • 250 ml Gemüsebrühe oder Wasser • 3–5 Stängel frischer Rosmarin • 1 Dose Tomaten (Einwaage 400 ml) • evtl. etwas geriebene Bio-Zitronenschale • 30–100 g Butterflocken • als Beilage: 600 g Kartoffeln**

1_ Die Haxen von allen Seiten goldbraun in der Pfanne anbraten; währenddessen den Ofen mit Bräter bei 120 Grad vorheizen.

2_ Suppengemüse würfeln, Zwiebeln und Knoblauch klein schneiden und zusammen mit Tomatenmark und Nelkenpfefferkörnern anschwitzen.

3_ Mit Rotwein und Brühe oder Wasser ablöschen und nach und nach einkochen lassen. Lorbeerblätter, Rosmarinstängel sowie die Tomaten hinzugeben. Alles miteinander vermischen und aufkochen lassen.

4_ Anschließend alles in den vorgewärmten Bräter geben, mit aufgelegtem Deckel in den Ofen schieben und entweder 3 Stunden bei 120 Grad oder 4–5 Stunden bei 100 Grad schmoren lassen. Zwischendurch mit dem Sud 1–4-mal begießen.

5_ Kartoffeln schälen und 20 Minuten in Salzwasser kochen, dann abgießen.

6_ Ist das Fleisch fertig und beginnt sich vom Knochen zu lösen, herausnehmen und beiseite stellen.

7_ Das Gemüse sowie die Flüssigkeit durch ein Sieb drücken und in der Pfanne aufkochen. Anschließend 1–3 Gläser Rotwein nach und nach hinzufügen und sprudelnd einkochen lassen; falls zu dick, etwas Brühe zugeben. Je nach Geschmack etwas gehackten Rosmarin sowie etwas abgeriebene Schale einer Zitrone unterrühren.

8_ Vom Herd nehmen, mindestens eine Minute abkühlen lassen und die Butterflocken in die nicht mehr kochende Sauce einmontieren.

Schafskäsekuchen

Eine Tasse Tee, ein Stück Käsekuchen – und die Welt ist in Ordnung. Schließlich erinnert der Klassiker unter den deutschen Kuchen an lange, gemütliche Sonntagnachmittage in der Kindheit. Und dieses Rezept holt das Gefühl daran zurück in die Gegenwart. Auch an Werktagen.

Zutaten für den Boden_ **250 g Mehl • 125 g Butter • 60 g Zucker • 1 Ei • 1 Msp. Backpulver**

Zutaten für die Füllung_ **750 g Schafsquark • 190 g Zucker • 3 Eier • 90 g Mehl • 250 ml Schafmilch oder -sahne • abgeriebene Schale von einer halben Bio-Zitrone • Saft einer halben Bio-Zitrone • 1 Msp. Vanillepulver (gem. Vanilleschote)**

1_ Mehl, Butter, Zucker sowie Ei und Backpulver mit den Händen schnell verkneten. Teig ausrollen, auf den Boden einer Springform (26 cm Durchmesser) geben, einen etwa 4 cm hohen Rand ausformen und andrücken, für mindestens 1 Stunde kalt stellen.

2_ Schafsquark mit Zucker und Eiern verrühren. Mehl, Milch, Zitronenschale, Zitronensaft und Vanillepulver zugeben.

3_ Füllung in Springform füllen.

4_ Im vorgeheizten Ofen ca. 90 Minuten bei 180 °C (Ober-/Unterhitze) bzw. 160 °C (Umluft) backen. Etwas abkühlen lassen, Rand vorsichtig lösen und vom Blech nehmen.

Winter

Kälte, Schnee und Frost machen Schafen nichts aus. Schließlich haben sie ein dickes Wollvlies, das sie selbst vor Dauerregen schützt. Und auch wenn es draußen nichts mehr zu fressen gibt: Der Auslauf ist wichtig – er härtet sie ab. Davor und danach gibt es Heu. Im Stall.

Stall oder Unterstand?

Schafe brauchen keinen Stall; ein trockener, windgeschützter Unterstand mit ausreichender Liegefläche samt Einstreu genügt ihnen. Ihre Wolle schützt sie selbst bei Regen und Frost.

Wer die Schafe im Winter draußen halten will, sollte sich ein paar gute Gummistiefel zulegen – schließlich muss man bei jedem Wetter raus.

Weil es aber meist von Ende November bis Ende April auf den Weiden nicht genug zu fressen gibt, müssen Heu und Wasser entweder zu ihnen gebracht werden oder – was weit weniger aufwendig ist – man holt die Tiere zum Futter und damit in den Stall.

Der muss kein gemauertes Gebäude sein. Ein Offenstall aus unbehandeltem Holz, der nach Süden hin geöffnet und gegebenenfalls mit einem Windschutznetz versehen ist, erfüllt alle Anforderungen.

Grundlegendes zur Haltung

Auf dem Boden, der aus hygienischen Gründen idealerweise betoniert sein sollte, liegen mindestens zehn Zentimeter trockenes Stroh. Durch die tägliche Einstreu von etwa 500 Gramm pro Schaf und Tag entsteht auf diese Weise eine sogenannte Mistmatratze. Bis zum Ende der Stallsaison wird sie mehr als einen Meter hoch werden; am einfachsten beseitigt man dann alles komplett mit einem Trecker oder einem kleinen Bagger. Der Mist wird mit der Zeit nämlich extrem hart. Anschließend sollte der gesamte Stall gründlich gereinigt und desinfiziert werden.

Durch die wachsende Einstreu besteht die Gefahr, dass Wassertränken oder Futterraufen verschmutzen. Deshalb sollten sie höhenverstellbar oder mobil sein, beispielsweise durch das Aufstellen einer Rundraufe und die Verwendung von Wassereimern, die in unterschiedlich hohe Halterungen gehängt werden. Das Wasser muss dann allerdings täglich gewechselt werden und in ausreichender Menge vorhanden sein, sprich: etwa drei bis vier Liter pro Tier und Tag. Bei wenigen Schafen sind Eimer eine durchaus praktikable Lösung. Ansonsten bieten sich sogenannte Schwimmertränken an. Wichtig ist, dass die Steigleitungen isoliert sind, sonst gefriert das Wasser bei Minusgraden in ihnen.

Was das Futter betrifft, so frisst ein Schaf im Winter im Schnitt etwa 1,5 Kilo Heu sowie 0,5 Kilo Kraftfutter am Tag; die tatsächliche Menge orientiert sich aber natürlich am individuellen Bedarf. Trächtige Tiere beispielsweise benötigen zusätzlich Mineralfutter. Wichtig für alle sind Salz- und Minerallecksteine.

Je öfter gemistet wird, desto besser ist die Luft im Stall: Das ist nicht nur angenehmer für die Menschen, sondern auch gut für die Tiere.

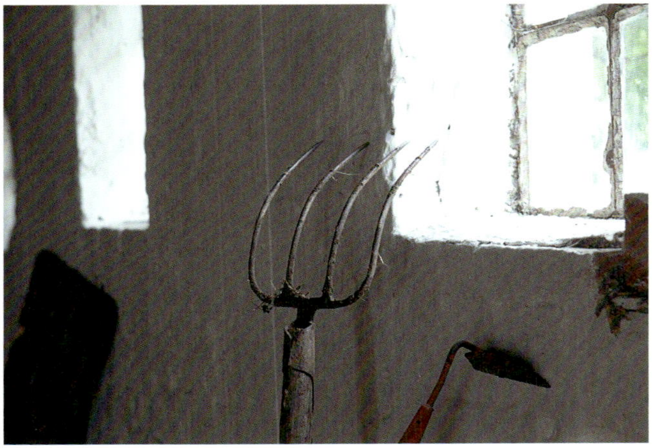

Vorbereitungen für den Nachwuchs

Nicht wenige Hobbyhalter, die anfangs überzeugt davon waren, nur einige Schafe haben zu wollen, ändern irgendwann ihre Meinung und beschließen, doch noch eine kleine Herde aufzubauen. Auch deshalb, weil erst durch die eigene Nachzucht eine besondere, sprich: enge Beziehung zu den Tieren entsteht.

Gibt es keinen separaten Stall, kann auch mit mobilen Gittern eine Ablammbox abgetrennt werden – samt Stroh, Heu und frischem Wasser.

Da die meisten Schafrassen nur im Herbst trächtig werden, bekommen sie ihren Nachwuchs nach 140 bis 150 Tagen Tragezeit in der Regel zwischen Ende Januar und Ende März. Robuste Rassen, die ganzjährig auf der Weide gehalten werden, sind abgehärtet genug, um ihre Lämmer selbst bei Schnee problemlos im Unterstand zu gebären.

Im Stall dagegen sollten nach Möglichkeit etwa zweimal zwei Meter große sogenannte Ablammboxen für die Geburt mit Sichtkontakt zu den anderen Tieren vorbereitet werden. Ersatzweise genügt es, die ruhebedürftigen werdenden Mütter durch ein mobiles Gitter von den anderen zu trennen. Idealerweise findet der Umzug nach nebenan etwa zwei Tage vor dem vermuteten Termin statt. Frisch eingestreut sowie mit genügend Heu und Wasser versorgt, können sich die Schafe mit ihrem Zuhause auf Zeit vertraut machen.

Monika Volquardsen: *»Unsere Schafe lammen in der Herde ab, da sie unter der Geburt oft noch laufen und auf diese Weise dafür mehr Platz haben. Erst nach der Geburt kommen die Lämmer mit ihrer Mutter in eine Einzelbox.«*

Die Geburt

Hören die trächtigen Tiere irgendwann auf zu fressen, legen sie sich immer wieder hin, um kurz darauf wieder aufzustehen, tritt zähflüssiger Schleim aus der Scheide – dann dauert es meist nicht mehr lang, und die Geburt beginnt. Fast immer verläuft sie ohne Komplikationen. Dennoch sollte man für den Fall der Fälle vorbereitet sein – was bedeutet: häufige Kontrollgänge oder alternativ ein Babyfon einschalten, um bei Auffälligkeiten sofort eingreifen zu können.

Außerdem empfiehlt es sich, einen Notfallkoffer für eventuelle Hebammen-Tätigkeit herzurichten. Darin sollten sich saubere Baumwolltücher befinden, sterile Einweghandschuhe, Gleitmittel, Milchflaschen mit Sauger und Desinfektionsmittel, unter ande-

Vor der Geburt sollte sich die werdende Mutter mit der neuen Unterkunft – der sogenannten Ablammbox – vertraut machen können.

Schon kurz nach der Geburt versucht das Lamm, die erste Milch, auch Biestmilch genannt, zu trinken.

rem für den Nabel. Darüber hinaus müssen Wasser, Seife und Handtücher für den Helfer bereitstehen sowie eine mobile Stall- und eine Wärmelampe. Wenn allerdings ein bis zwei Stunden nach Austritt der Fruchtblase das Lamm noch nicht geboren ist, es falsch liegt oder sich Zwillinge im Geburtskanal befinden, ist sofort der Tierarzt zu rufen. Der oder ein erfahrener Schäfer unterstützt im Idealfall ohnehin den Hobbyhalter bei dessen erster Schafgeburt.

Nach der Geburt

Direkt nach der Geburt dreht sich die Mutter zu ihrem Neugeborenen, um sofort damit zu beginnen es trocken zu lecken. Dabei reißt meist die Nabelschnur. Schon bald wird das Lamm versuchen, aufzustehen und zu trinken. Diese erste Milch heißt Biest- oder Kolostralmilch: Sie ist elementar für das Neugeborene, weil sie wertvolle Abwehrstoffe enthält, die das Neugeborene nur innerhalb der ersten 24 Stunden aufnehmen und verarbeiten kann.

Monika Volquardsen: *»Manchmal ist es für die Kleinen schwierig, an diese erste Milch zu kommen, weil die Zitzen verstopft sind. Ermelkt man sie jedoch mit der Hand, haben sie es leichter. Wir bieten den Lämmern direkt nach der Geburt die Zitze oder die Flasche an. So sehen wir auch gleich, ob das Schaf säugen kann, und wir können sicher sein, dass die Lämmer den wichtigen Immunschutz erhalten haben.«*

Möglicherweise kommt noch ein zweites oder drittes Lamm auf die Welt – und idealerweise verläuft alles so wie beim ersten. In diesen ersten Stunden entsteht die zwischen Mutter und Nachwuchs wichtige Bindung, die oft ein Leben lang hält. Lehnt die Mutter ihre Kleinen teilweise oder ganz ab oder hat sie nicht genug Milch, müssen die Lämmer mit der Flasche und einem speziellen Pulver zum Anrühren, dem sogenannten Milchaustauscher, gefüttert werden. Gleiches gilt natürlich auch für die Waisenkinder unter den Lämmern. Entscheidend dabei ist: Anfangs müssen sie alle zwei Stunden etwas zu trinken bekommen, also auch nachts.

Redlef Volquardsen: *»Von Müttern mit viel Biestmilch melken wir immer etwas ab, nachdem sie ihre eigenen Lämmer versorgt haben. Diese Milch frieren wir dann in Eis-*

Manchmal muss ein Lamm mit der Flasche gefüttert werden. Zum Beispiel dann, wenn die Mutter es ablehnt oder nicht genug Milch hat.

würfelbeutel ein, sodass wir immer etwas für Neugeborene haben, deren eigene Mütter ihnen nicht genug geben können.«

Mindestens drei Tage lang sollte die Kleinfamilie noch getrennt von den anderen Schafen gehalten werden. Denn auch wenn die Mutter ihre Sprösslinge bereits nach acht Stunden am Geruch erkennt und nach spätestens 48 Stunden an ihren Rufen – die Lämmer identifizieren ihre Mutter erst nach drei bis fünf Tagen optisch, und es dauert zwei bis vier Wochen, bis es ihnen auch akustisch gelingt. Zu groß ist nämlich in dieser Zeit die Gefahr, dass die Kleinen nicht genug Milch bekommen. Schließlich ernähren sie sich die ersten drei Wochen fast ausschließlich davon und beginnen erst allmählich vom Heu zu probieren.

Lämmer, die eine Woche oder älter sind, sollten in einem gesonderten Bereich miteinander spielen dürfen; dort kann ihnen später auch ein spezielles Futter angeboten werden. Den ungehinderten Zugang zu ihren Müttern und deren Milch ermöglicht ihnen dabei ein kleiner Durchlass: der sogenannte Lämmerschlupf. Von diesem Kindergarten profitieren alle: Die Kleinen können ungestört toben, und die Schafe haben mehr Ruhe.

Redlef Volquardsen: *»Wenn ein Lamm irgendwie matt wirkt, sollte man unbedingt seine Temperatur messen. Beträgt sie weniger als 39 Grad, ist es unterkühlt. Wir geben ihm dann warme Milch zu trinken und baden es in einem großen Eimer mit 40 Grad warmem Wasser, bis es wieder seine Normaltemperatur hat. Das kann durchaus mal eine Stunde dauern.«*

Die Futterumstellung: Gras statt Heu

Sobald die Lämmer mindestens 14 Tage alt sind, können sie bei schönem Wetter zusammen mit den anderen Schafen auf die Weide. Denn dann sind sie auf jeden Fall in der Lage, ihren Müttern zu folgen. Die Umstellung von trockenem Heu auf frisches Gras sollte für die Muttertiere allerdings schrittweise erfolgen – entweder, indem die Tiere etwa zwei Wochen lang kleine Mengen an gemähtem, nicht gehäckseltem Grün in ihre Futtertröge bekommen, oder indem sie nur stundenweise auf die Weide dürfen. Sonst drohen Durchfall, im schlimmsten Fall Koliken oder sogar der Tod.

Bereits wenige Tage nach der Geburt beginnen die Lämmer ihre Mütter nachzuahmen. Wie diese gehen sie an die Raufen und Tröge. Dann knabbern sie an dem Heu und spielen mit den Pellets. Dürfen sie auf die Weide, probieren sie auch mal das Gras. Doch richtig fressen – das tun sie erst mit etwa zehn, zwölf Wochen, wenn ihr Pansen zum Wiederkäuen des Futters genügend entwickelt ist.

Erst nach acht Stunden erkennt die Mutter ihr Lamm am Geruch. Bis dahin besteht in der Herde Verwechslungsgefahr.

Ein Gatter trennt nachts die Mütter von ihren Lämmern. Doch morgens nach dem Melken wird es wieder geöffnet.

Das Melken

Wer die Schafmilch zu Joghurt und Käse verarbeiten möchte, muss den Nachwuchs von den Müttern trennen. Das sollte jedoch frühestens drei Wochen nach der Geburt geschehen, da die Lämmer dann auch mal eine Weile ohne warme Mahlzeit auskommen können.

Am unkompliziertesten ist es, nachts den Lämmerschlupf zu verschließen, damit morgens genügend Milch zum Melken vorhanden ist. Anschließend dürfen die Kleinen für den Rest des Tages zu ihrer Mutter. In der ökologischen Milchwirtschaft werden sie mit sechs Wochen schließlich ganz entwöhnt und die Schafe von da an morgens und abends gemolken.

Von Anfang an sollte den Lämmern Heu und pelletiertes Futter angeboten werden.

Ist man jedoch als Hobbyhalter nicht an der Verwertung der Milch interessiert, belässt man die Lämmer einfach in der Herde, bei ihren Müttern. Diese sogenannte natürliche Aufzucht findet nach fünf, sechs Monaten ihr ebenso natürliches Ende: Dann laufen die Mutterschafe nämlich einfach weiter, sobald ihre Jungen bei ihnen trinken wollen, oder stoßen sie deutlich und bestimmt weg.

Redlef Volquardsen: *»Mein Rat für Hobbyhalter, die gerne käsen, aber am Wochenende auch mal ausschlafen oder für ein paar Tage verreisen möchten: Die Lämmer nicht ganz absetzen, sondern nur dann von ihren Müttern trennen, wenn man melken will. Dann ist zwar der Ertrag der Milch etwas geringer, aber man profitiert von dieser Flexibilität spätestens im Krankheitsfall.«*

Helma, ein Mutterschaf außer Dienst

Fragt man die Volquardsens, was das Besondere an Helma ist, klingen ihre Antworten ein bisschen, als sprächen sie von einem Familienmitglied. Und irgendwie ist sie das ja auch.

Fünf Monate war Helma alt, als sie auf den Hof kam. 2003 hatten die beiden Jungschäfer sie zusammen mit 25 weiteren Ostfriesischen Milchschaf-Lämmern von einer Bioland-Züchterin gekauft. Neun Lammungen und 17 Nachkommen später, bekommt Helma seit dem Sommer 2012 ihr Gnadenbrot.

Seitdem grast sie meist neben ihrer jüngsten Tochter Helmi. Schon von Weitem kann man sie inmitten der Herde erkennen, denn immer, wenn sie den Kopf hebt, hält sie ihn schief. Ein Tick vielleicht, vielleicht aber auch ein Augenfehler; man weiß es nicht.

Doch was Helma einzigartig mache, sei weniger ihr Äußeres, sondern ihre inneren Werte, sagt Monika Volquardsen. »Selbst für die sehr menschenbezogenen Milchschafe ist Helma ungewöhnlich zutraulich. Bereits als Lamm kam sie immer angelaufen, sobald sie einen sah. Sie verlässt sogar die Herde, nur um bei uns zu sein.« Überhaupt sei sie ein extrem freundliches Schaf, das sich aufmerksam um seinen Nachwuchs gekümmert habe und das auch 50 aufgeregte Kinder nicht aus der Ruhe bringen könnten.

Normalerweise bleiben die Tiere während der Führungen auf der Weide, erzählt Redlef Volquardsen. »Doch einmal ist es Helma gelungen, sich unter die Kinder zu mischen und das komplette Programm der Tour mitzumachen: Sie besichtigte den Melkstand, schaute durch das Fenster in den Reifekeller und stand auch bei der Verkostung der verschiedenen Käsesorten dabei.« Andere Tiere wären in Panik geraten. »Aber Helma bewegte sich völlig angstfrei zwischen den Kindern.« Redlef Volquardsen scheint noch immer darüber zu staunen.

Genauso ungewöhnlich verhielt sie sich, wenn eine Lammung anstand. »Eigentlich wollen die Tiere dann ja in Ruhe gelassen werden, aber Helma hat immer so lange gemeckert, bis einer von uns dabei war«, erinnert sich der Schäfer. 2008 hätte das beinahe zu einem Problem geführt, denn seine Frau und Helma hatten gleichzeitig Geburtstermin. »Während der Hausgeburt von unserer Tochter habe ich zwischendurch tatsächlich mal in den Stall geschaut.« Aber zum Glück war es bei Helma erst drei Tage später so weit. Es kamen Drillinge.

Kinder bringen Helma nach so vielen Jahren auf dem Hof in Tetenbüll nicht mehr aus der Ruhe: weder die eigenen vierbeinigen noch die zweibeinige Tochter ihrer Besitzer.

Wenn das Frühjahr naht

Bevor die Weidesaison im Frühjahr beginnen kann, müssen die Grünflächen vorbereitet werden. Schließlich sollen sie auf Jahre hinaus fruchtbar sein. Der beste Zeitpunkt dafür ist kurz vor Beginn der Wachstumsperiode – meist ist das Anfang oder Mitte März.

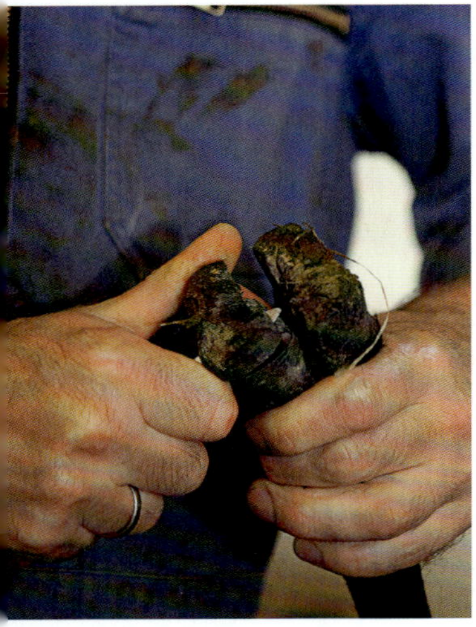

Beim Klauenschneiden ist Vorsicht geboten, schließlich soll nicht mehr als das tote Horn geschnitten werden.

Wer gut abgelagerten, das heißt mindestens ein Jahr alten und somit erregerfreien Schafsmist hat, sollte ihn nun ausbringen, denn er versorgt die Böden mit wichtigen Nährstoffen. Alternativ, gegebenenfalls auch zusätzlich, kann man die Wiesen mit einer Egge abschleppen.

Dadurch werden die Flächen belüftet, Wühlmaus- und Maulwurfshügel eingeebnet, unerwünschte Pflanzen wie Krauser Ampfer entfernt und – falls nötig – überdies eine Nachsaat für eine größere Vielfalt an Gräsern und Kräutern eingearbeitet.

Klauenschneiden

Vor dem Austrieb im Frühjahr sollten die Klauen der Schafe unbedingt kontrolliert werden. Der Grund: Sie müssen regelmäßig geschnitten werden, da sie sich auf den weichen Böden von Stall und Weide zu wenig abnutzen. Für die richtige Technik schaut man als Anfänger am besten einem Fachmann über die Schulter oder besucht einen entsprechenden Lehrgang beim örtlichen Schafzuchtverband.

Sonst passiert es schnell, dass beim Zurückschneiden der inneren und äußeren Klauenwand mehr als das tote, überstehende Horn entfernt wird. Die Folge davon kann eine blutende Klaue sein, die wegen der zahllosen Keime auf dem Boden nur schlecht und langsam heilt.

Zur Behandlung wird das Tier entweder auf sein Hinterteil gesetzt oder mit dem Rücken in ein futterraufenähnliches Gestell gelegt. Mit einer speziellen Schere sowie scharfen Messern werden die Klauen so bearbeitet, dass Hornwand und Sohle eine Ebene bilden.

Alle drei Monate sollten die Klauen kontrolliert werden. Mit dieser Vorsorgemaßnahme lässt sich vermeiden, dass sich in den Hohlräumen Schmutz samt Krankheitserregern festsetzt und dadurch ansteckende Entzündungen wie die sogenannte Moderhinke entstehen.

Vorfreude auf den Frühling: Bald dürfen die Schafe wieder auf die Weide.

Loopschal

Er ist eine der besten Erfindungen gegen Kälte: der Loop-Schal, auch Schlauch- oder Wickelschal genannt. Warum? Weil er weder zu lang noch zu kurz ist, sondern einfach nur perfekt. Und ein Multitalent dazu: Denn er lässt sich auch als Poncho oder Mütze tragen. Was will man mehr?

Material_ **250 g Schurwolle (in Hellgrau; Lauflänge 300m/100 g) • Rundstricknadeln Nr. 2,5–3,5 (100 cm)**

Maschenprobe_ **28 M x 32 R = 10 cm x 10 cm**

1_ 330 M auf der Rundstricknadel anschlagen und zur Runde schließen.

2_ In Runden glatt rechts stricken.

3_ Nach 42 cm Höhe locker abketten, Fäden vernähen, fertig!

Tipp_ Natürlich können Sie den Schal auch bunter oder mit Muster gestalten.

Für einen zweifarbigen Schal benötigen Sie je Farbe circa 150 g Wolle. Beginnen Sie in der ersten Farbe, nach circa 21 cm Höhe (= 65 Runden) wechseln Sie ab Anschlag zur zweiten Farbe.

Um einen besonders bunten Schal zu str - cken, verwenden Sie Wolle mit Farbeffekt oder Farbwechsel. Diese Garne ergeben beim Stricken ganz von allein ein wunderbares Muster.

Kissen

So wie heißer Tee und Chili von innen aufheizen, wärmt ein weiches Strickkissen aus Schafwolle von außen. Am besten macht man deshalb gleich mehrere davon: fürs Sofa, den Sessel, für Bank und Bett. Und mit bunten Knöpfen versehen wirken sogar winterlich-kühle Grautöne frühlingshaft-fröhlich.

Material_ **400 g Schurwolle (in Grau; Lauflänge 150 m/100 g) • 5 Knöpfe (3 cm Durchmesser) • 2 Rundstricknadeln Nr. 4**

Maschenprobe_ **15 M und 24 R = 10 x 10 cm**

1_ Für das Kissen 120 M auf 2 Rundstricknadeln A und B abwechselnd anschlagen. Dann in Runden glatt rechts stricken. Nach 10 cm in einer Runde nach jeder gestrickten Masche auf Nadel A einen Umschlag auf eine Hilfsnadel arbeiten. Weitere 2 cm stricken.

2_ Für die 5 Knopflöcher auf Nadel A die 10te, 11te und 12te M zusammenstricken, 8 M stricken und wieder 3 M zusammenstricken. Dies insgesamt noch 3-mal wiederholen, sodass 5 Knopflöcher entstehen.

3_ In der nächsten Runde an den Knopflöchern jeweils 2 Umschläge arbeiten, sodass auf Nadel A wieder 60 M sind. Weitere 2 cm glatt rechts stricken. Die Arbeit auf Nadel B ruhen lassen. Auf Nadel A für die Mäusezähnchen 2 M zusammenstricken, den Faden einmal über die Nadel schlagen. Dies für die ganze Reihe wiederholen.

4_ Die Arbeit wenden und in der nächsten Reihe aus dem übergeschlagenen Faden eine Masche stricken, sodass wieder 60 M auf der Nadel sind. Nach 2 cm wie oben Knopflöcher stricken. Nach weiteren 2 cm die Arbeit an den Mäusezähnchen knicken und jeweils eine Masche von Nadel A mit einer Masche der Hilfsnadel zusammenstricken und abketten. Dann auf Nadel A wieder 60 M anschlagen und 4 cm glatt rechts stricken. Anschließend mit den Maschen von Nadel B weiter rund stricken.

5_ Nach 40 cm Gesamthöhe zum Abschluss der Arbeit jeweils eine Masche von Nadel A und Nadel B zusammenstricken und abketten.

6_ Knöpfe annähen.

Bezüge für Wärmflaschen

Sie sind die besten Freunde, die man sich für einen kühlen Abend wünschen kann: Wärmflaschen – und zwar in jeder Größe. Vor allem, wenn sie wie diese hier umstrickt sind mit kuscheliger Merinowolle. Dann ist Frieren nämlich ausgeschlossen. Und schnell gemacht sind sie sogar auch noch.

Großer Wärmflaschenbezug

Material_ **200 g Merinowolle (in Hellgrün; Lauflänge 150 m/100 g) • ein Nadelspiel Nr. 5–6 • eine Wärmflasche**

Maschenprobe_ **20 M und 24 R = 10 x 10 cm**

1_ 80 M anschlagen, auf 4 Nadeln (= je Nadel 20 M) verteilen und 30 cm in Runden glatt rechts stricken, dabei jede sechste Reihe links arbeiten. Für die Abnahmen die nächsten sieben Runden jeweils die dritte und vierte sowie die dritt- und viertletzte M zusammenstricken. Die restlichen 52 M im Bundmuster = 1 M rechts, 1 M links im Wechsel stricken. So 14 cm arbeiten, dann die M locker abketten.

2_ Fertigstellung: Die Wärmflasche in die Hülle schieben und die untere Kante schließen.

Kleiner Wärmflaschenbezug

Material_ **100 g Merinowolle (in Petrol; Lauflänge 150 m/100 g) • ein Nadelspiel Nr. 5–6 • eine kleine Wärmflasche**

Maschenprobe_ **20 M und 24 R = 10 x 10 cm**

1_ 64 M anschlagen, auf 4 Nadeln (= je Nadel 16 M) verteilen und 20 cm glatt rechts in Runden arbeiten. Für die Abnahmen die nächsten sieben Runden jeweils die zweite und dritte sowie die zweit- und drittletzte M zusammenstricken. Dann die restlichen 40 M im Bundmuster = 2 M rechts, 2 M links im Wechsel stricken. So 12 cm arbeiten, dann die M locker abketten.

2_ Fertigstellung: Die Wärmflasche in die Hülle schieben und die untere Kante schließen.

Wie viel kostet ein Schaf?

Damit Hobbyschäfer einschätzen können, wie groß der finanzielle und zeitliche Aufwand sein wird, der mit dem Tierkauf auf sie zukommt, hat die Stiftung »Bündnis Mensch & Tier« artspezifische Pläne erstellt; Redlef Volquardsen hat sie um eigene Zahlen ergänzt. Der Einfachheit halber sind die Kostenangaben für ein einziges Schaf berechnet. Doch für eine artgemäße Haltung müssen die Tiere in einer Gruppe leben.

Kosten pro Jahr für ein Schaf

Posten	**Euro**
Heu	60
Stroh/Einstreu	40
Kraftfutter	50
Mineral-, Salzleckstein	15
Schur (2 x pro Jahr)	20
Tierarzt (Impfen, Entwurmen, Kotuntersuchung, evtl. Klauenpflege, Kastration)	80
Tierarztrücklagen	250
Ohrmarken	5
Tierseuchenkasse	2
Haftpflichtversicherung	50
Pacht Weideland und Stall (inkl. Rücklagen für Renovierung)	150
Weiterbildung des Tierhalters (u. a. Bücher, Seminare, Workshops zum Tierverhalten, Tierhaltung)	80
Gesamtkosten/ Jahr*	**etwa 722**

* Kosten für Wasser und Strom kommen extra.

Anschaffungskosten je nach Rasse: Mutterschaf (ab 1 J.) ab 120 Euro

Flächen für ein Schaf

Fläche/Tier	**m²**
Weide, je nach Qualität (für bis zu 10 Schafen geeignet, inkl. Winterfuttergewinnung)	10.000 (1 ha)
Stall	2
Trockener Lagerraum (für Heu, Stroh, Futtermittel, etc.)	10

Zeitliche und inhaltliche Orientierung täglicher Arbeiten

Uhrzeit	**Tätigkeiten**
morgens	Frisches Wasser
	Zaunkontrolle
	Weidegang (möglichst nach Abtrocknen der Weide)
	Beobachten der Tiere (Fress-, Sozialverhalten, Bewegungsmuster, körperliche Verfassung)
mittags	Frisches Wasser
	Zählung der Tiere
abends	Zählung der Tiere
	Stallgang
	Frisches Wasser und ausreichend gutes Raufutterangebot im Stall

Zeitaufwand/ Tag (bei 10 Schafen): min. 45 min. für die Grundversorgung plus gemeinsame Zeit für die Beziehungspflege

Weiterführende Informationen

Wer sich intensiver mit der artgerechten Haltung und Aufzucht von Schafen beschäftigen möchte, findet in den folgenden Büchern, Links und Adressen hilfreiche Informationen.

Fachbücher

Arnold, Annette; Reibetanz, René: Alles für das Schaf. Handbuch für die artgerechte Haltung. Pala Verlag, Darmstadt 2008
Ein Schäfer- und Ziegenpaar beschreibt aus seiner mehr als 25-jährigen Erfahrung alles Wesentliche einer naturnahen Haltung: von A wie Ablammbox bis Z wie Zuchttiere.

Freith, Britta: Unser Schaf- und Ziegenhof. Verlag Eugen Ulmer, Stuttgart 2009
Die Journalistin stellt verschiedene engagierte Halter mit ihren unterschiedlichen, durchaus auch widersprüchlichen, aber erfolgreichen Konzepten vor.

Letschert, Ursula: Das Jahr mit Milchschafen. Verlag Eugen Ulmer, Stuttgart 2003
Die Nebenerwerbsschäferin erzählt rückblickend von ihren Anfängen und Fehlern, angereichert mit Anekdoten und Wissen, das sie aus Erfahrungen und der Fachliteratur gewonnen hat.

Mendel, Christian: Praktische Schafhaltung. Verlag Eugen Ulmer, Stuttgart 2008. Dieses umfangreiche Standardwerk erscheint bereits in der fünften Auflage und richtet sich sowohl an den Anfänger unter den Schafhaltern als auch an den Profi.

Rahmann, Gerold: Ökologische Schaf- und Ziegenhaltung. 100 Fragen und Antworten für die Praxis. Institut für Ökologischen Landbau 2010
Der Agrarökonom ist nicht nur Leiter des Instituts für Ökologischen Landbau, sondern auch Honorarprofessor an der Universität Kassel. Seine Ausführungen sind gut lesbar und unterfüttert mit Studien sowie Statistiken.

Rieder, Hugo: Schafe halten. Verlag Eugen Ulmer, Stuttgart 2010
Ein Fachbuch, das unter anderem detailliert Futterzusammensetzungen auflistet, Leistungsvergleiche zwischen den einzelnen Schafrassen anstellt sowie die Wirtschaftlichkeit eines Nebenerwerbsbetriebs berechnet.

Schwerpunkt Schafe, Ziegen, Gebrauchshunde, GEH, 2008
Die Broschüre der GEH beinhaltet ausführliche Rassebeschreibungen sowie Kontaktadressen der Betreuer der jeweiligen bedrohten Rassen. Sie ist zu beziehen über die Geschäftsstelle: Telefon 05542-1864, Mail: info@g-e-h.de.

Strittmatter, Knut: Schafzucht. Verlag Eugen Ulmer, Stuttgart 2004
Auf knapp 400 Seiten bietet das Buch profundes Wissen über Zucht, Fütterung und Haltung und gibt auch einen historischen Überblick. Einziges Manko: Es zeigt fast ausschließlich Schwarzweißaufnahmen.

Winkelmann, Johannes: Schaf- und Ziegenkrankheiten. Verlag Eugen Ulmer, Stuttgart 2005
Allgemeinverständliche und durch zahlreiche Abbildungen auch anschauliche Beschreibungen verschiedenster Infektionen und Erkrankungen, gegliedert nach Symptomen, Behandlungsmöglichkeiten sowie vorbeugenden Maßnahmen.

Wooster, Chuck: Living with Sheep. First Lyons Press, 2007
Ein Lesebuch im besten Sinne – informativ, lebendig, anregend. Geschrieben von einem US-Journalisten. Sein Ansatz: Basiswissen ist wichtig, der Rest »Learning by doing«.

Vereine und Verbände rund ums Schaf

Vor dem Kauf der ersten Tiere empfiehlt es sich, mit den Nebenerwerbs- oder Hobbyschäfern in der näheren Umgebung Kontakt aufzunehmen. Falls diese sogar die eigene favorisierte Rasse halten, umso besser. Die meisten geben gerne Auskunft über das Schöne sowie die Schwierigkeiten bei der Haltung der Tiere. Zusätzlich lohnt es sich, in Suchmaschinen wie Google beispielsweise die Rasse als Stichwort einzugeben und von einem Hof zum nächsten Verein zu surfen. Darüber hinaus ist auch der zuständige Landesschafzuchtverband eine gute Anlaufstelle. Er bietet für Mitglieder unter anderem Vorträge und praktische Lehrgänge an.

Vereinigung Deutscher Landesschafzuchtverbände e. V. (VDL)
Telefon 030-31904-540; Fax: -549
www.bundesverband-schafe.de
Der VDL ist die Dachorganisation aller Landesschafzuchtverbände, die unter anderem für die Zuchtbuchprüfung zuständig sind sowie Fortbildungen anbieten. Sie sind unter dem Stichwort »Mit-

glieder« verlinkt. Eine Auflistung der Rassen, die die jeweiligen Landesverbände betreuen, ist in diesem EU-Register zu finden: http://circa.europa.eu/irc/sanco/vets/info/data/breeding/br-ov.html#GERMANY.

http://tgrdeu.genres.de
Die »Zentrale Dokumentation Tiergenetischer Ressourcen in Deutschland«, die von der Bundesanstalt für Landwirtschaft und Ernährung betrieben wird, stellt Wissen zu den hiesigen Zuchttierbeständen bereit, unter anderem zu denen von Schafen. Außer einem Kurzprofil der jeweiligen Rasse sowie gegebenenfalls ihrem Gefährdungsstatus werden unter anderem anerkannte Züchtervereinigungen aufgelistet, an die man sich wegen weiterer Informationen wenden kann.

www.g-e-h.de
Der Verein »Gesellschaft zur Erhaltung alter und gefährdeter Haustierrassen«, dem Schäfer ebenso angehören wie Veterinärmediziner oder Biologen, initiierte unter anderem sogenannte Arche-Höfe, die seltene Rassen wieder in die landwirtschaftliche Nutzung zurückbringen.

www.vieh-ev.de
Die »Vielfältige Initiative zur Erhaltung gefährdeter Haustierrassen« ist Ansprechpartner bei Fragen zur Zucht oder Haltung verschiedener Tierarten und unterstützt vor allem Halter oder Züchter vom Aussterben bedrohter Rassen.

www.aid.de
Der Bonner Dienst stellt – gefördert vom Bundesministerium für Ernährung, Landwirtschaft und Verbraucherschutz – Informationen für Konsumenten und Tierhalter bereit. Im aid-Medienshop können Broschüren beispielsweise zu Krankheiten oder Rassen heruntergeladen oder gegen eine geringe Gebühr bestellt werden.

www.schaf-foren.de
In dem Forum diskutieren und tauschen sich Anfänger, Fortgeschrittene und Profis über Fragen der Zucht, Fütterung sowie der Wollpreise aus.

www.schafe.de
Auf der Website eines Onlineshops für Agrarbedarf finden sich unter anderem Linklisten zu verschiedenen Schafzuchtverbänden, Schäfervereinen (Schwerpunkt: Bayern) sowie zu Schaf- und Ziegenhaltern.

www.buendnis-mensch-und-tier.de
Die Expertinnen der Stiftung »Bündnis Mensch & Tier« beraten unter anderem bei der Wahl der geeigneten Tierart (u. a. Schafe, Ziegen etc.) und unterstützen bei Fragen zur Haltung. Ihr Ziel: ein artgerechter Umgang. Besonders interessant: eine Studie über die Kommunikation zwischen Mensch und Tier.

www.oekolandbau.de
Das Portal wurde vom Bundesministerium für Ernährung, Landwirtschaft und Verbraucherschutz initiiert und informiert sowohl Erzeuger als auch Verbraucher und Händler über Tierhaltung, Pflanzenbau und vieles mehr.

www.rund-ums-schaf.at
Die von der österreichischen Agrarmarkt Austria Marketing Gesellschaft produzierte Homepage hält viel Wissenswertes über die Schafhaltung in Text- und Videoform bereit.

www.schafe-ooe.at
Auf seiner Website bietet der oberösterreichische Landesverband für Schafzucht und -haltung unter anderem Infos über Rassen sowie die Verarbeitung von Schafprodukten.

www.tierschutz.com
Die Schweizer Tierschutzorganisation STS hat gutes Material zur artgerechten Haltung von Schafen zusammengestellt

www.schaefereibedarf.de
Bereits in der sechsten Generation führt das Familienunternehmen in Tauberbischofsheim Arbeitsgeräte und sonstige zur Haltung von Schafen notwendige Utensilien wie Futterraufen und Weidezäune. Sie sind erhältlich u. a. über den Onlineshop.

Wolle, Milch & Co. – Bücher, Links und Adressen

Im Buchhandel und Internet gibt es nahezu unendlich viele Informationen zur Verarbeitung von Schafprodukten. Beispielhaft aufgeführt sind die folgenden Titel, Websites und Dienstleister.

Rund um die Milchverarbeitung

Bellersen Quirini, Cosima: Joghurt, Quark und Käse – natürlich selbst gemacht. Verlag Eugen Ulmer, Stuttgart 2011
Ein überaus appetitliches und anregendes Praxisbuch mit Schritt-für-Schritt-Anleitungen zur Herstellung von Joghurt, Butter und Käse. Vieles davon lässt sich sogar mit Milch aus dem Supermarkt produzieren.

Zutaten, Zubehör und Gerätschaften zum Käsen

Bunte Kuh – Käsereibedarf
www.kaesereibedarf.de
Telefon: 06650-1560
Der Onlineshop bietet alles Notwendige zur Milchverarbeitung – sowohl für den Anfänger als auch den Profi.

IP Ingredients
www.ip-ingredients.de
Telefon: 04663-188310
Unter »Shop« sind Geräte wie Käseharfen, -messer und -formen ebenso zu kaufen wie Kälbermagenlab oder auch Holzasche zur Veredelung von Frisch- und Weichkäse.

Käserei- & Imkereibedarf Klaus Effinger
www.effingerklaus.de
Telefon: 08321-805888
Vom Joghurtbereiter aus Styropor in Haushaltsgröße bis zu semiprofessionellen Käsekesseln in der 155-Liter-Ausgabe ist alles erhältlich.

Spinnrad
www.spinnrad.de
Telefon: 0451-585981053
Unter dem Menüpunkt »Gesundheit & Ernährung« finden sich alle wesentlichen Zutaten auf natürlicher Basis für die Joghurt- und Quarkherstellung.

Rund um die Wolle

www.lanaalbamons.wordpress.com
Ein privates und sehr informatives Blog zum Thema Wolle und deren Verarbeitung samt ausführlicher Linkliste.

www.chantimanou.de
Die Handspinnerin bietet auf ihrem Blog Videotutorials, in denen sie verschiedene Arbeitstechniken zeigt – vom Waschen übers Kardieren und Färben bis zum Spinnen.

www.rieger-betten.de/
Das Unternehmen aus Görlitz wäscht und kardiert im Kundenauftrag Wollvlies und fertigt bei Interesse daraus Steppdecken oder Kissen.

www.lebensgemeinschaft.de/textilwerkstatt.html
In Schlitz bei Fulda fertigen geistig Behinderte, die in einer anthroposophischen Dorfgemeinschaft leben, aus Kundenwolle individuelle Teppiche, Tagesdecken und Stoffe.

www.das-wollschaf.de
Der Onlineshop bietet alles für die Selbstverarbeitung von Wolle: von Handkarden über Spinnräder bis hin zu Webstühlen.

Rund ums Gerben

www.gerberei-trautwein.de
Die ökologische Gerberei in Baden-Württemberg bearbeitet Schaffelle ausschließlich mit Pflanzenextrakten.

www.gerberei-naujoks.de
Gegerbt wird nur mit natürlichen Hilfsmitteln; medizinische Felle sind das Spezialgebiet des Unternehmens, das auch im privaten Kundenauftrag arbeitet.

Stichwortverzeichnis

Über die Autorin

Gunthild Kupitz arbeitet seit 2010 als selbstständige Journalistin in Hamburg. Zuvor war sie unter anderem Redaktionsleiterin von »brigitte-woman.de« und Textchefin bei »Glamour«. Bei einer Recherche über Hofkäsereien für »essen & trinken« entdeckte sie die Friesische Schafskäserei der Volquardsens und war begeistert: von der Landschaft, den Menschen, den Tieren – und ganz besonders vom Käse.

Über die Fotografin

Odile Hain fotografiert Reportagen und Portraits. Sie arbeitet seit zwölf Jahren in Hamburg und ist beruflich gerne unterwegs – am liebsten dort, wo es Neues zu entdecken gibt, egal, ob vor der Haustür oder an der Nordsee. Bei den Volquardsens haben es ihr nicht nur die niedlichen Lämmer angetan, sondern auch die Lammhaxe.

Danksagung

Für die fachkundige Begleitung des Manuskripts bedankt sich die Autorin ganz herzlich bei Dr. Henrik Wagner, Veterinärmediziner an der Justus-Liebig-Universität Gießen, und ganz besonders bei den Schäfern Monika und Redlef Volquardsen aus Tetenbüll, www.friesische-schafskaeserei.de.

Impressum

Bibliografische Information der Deutschen Nationalbibliothek
Die Deutsche Nationalbibliothek verzeichnet diese Publikation in der Deutschen Nationalbibliografie; detaillierte bibliografische Daten sind im Internet über http://dnb.d-nb.de abrufbar.

BLV Buchverlag GmbH & Co. KG
80797 München

Bildnachweis:
Alle Bilder von Odile Hain, außer:
Andrew Ward - Fotolia.com: 33
arolina66 - Fotolia.com: 18r, 20r
Claudia Närdemann - Fotolia.com: 60
diegezeiten - Fotolia.com: 108
Eric Gevaert – Fotolia.com: 34
Juniors Bildarchiv/Wildlife: 17ol
katerinka_au - Fotolia.com: 16
Katja Hoffmann / laif: 30/31, 98/99, 104, 105, 107, 109, 113
Norbert Gloor/www.rauhwoller.de: 20l
Petra Kohlstädt - Fotolia.com: 19l
SibylleMohn - Fotolia.com: 37l
Tierfotoagentur.de / Starick: 21
www.suffolk-zucht.eu, Hartmut Göttsche, Schleswig-Holstein: 17or
www.wikipedia.org/3268zauber: 19r
www.wikipedia.org: 21l
Häkelidee S. 70–72:
© www.futuregirl.com

Für die Strick- und Häkelmodelle wurde Bioland-Schafwolle der Schäfereigenossenschaft Finkhof verwendet: www.finkhof.de.

Umschlagkonzeption: Kochan & Partner, München
Umschlagfotos: gettyimages/bbq (Vorderseite); Odile Hain (Rückseite)

Lektorat: Katharina May
Herstellung: Hermann Maxant
Layoutkonzept Innenteil und DTP: griesbeckdesign, München

Gedruckt auf chlorfrei gebleichtem Papier
Printed in Germany
ISBN 978-3-8354-1139-5